W0175311

Gerd H. Meyden

All das ist Jagd

Begegnungen
eines Jägers…

Leopold Stocker Verlag
Graz – Stuttgart

Titelgestaltung: DSR I Werbeagentur Rypka GmbH., 8020 Graz
Titelbilder: Richard Altmann, Wr. Neudorf
          Adolf Schilling, Rüsselsheim
          Werner Nagel, Braunschweig

Bibliografische Information Der Deutschen Nationalbibliothek
Die Deutsche Nationalbibliothek verzeichnet diese Publikation in der Deutschen
Nationalbibliografie; detaillierte bibliografische Daten sind im Internet über
http://dnb.ddb.de abrufbar.

Hinweis:
Dieses Buch wurde auf chlorfreiem Papier gedruckt.
Die zum Schutz vor Verschmutzung verwendete Einschweißfolie ist aus
Polyethylen chlor- und schwefelfrei hergestellt. Diese umweltfreundliche Folie
verhält sich grundwasserneutral, ist voll recyclingfähig und verbrennt in Müll-
verbrennungsanlagen völlig ungiftig.

ISBN 978-3-7020-1173-4
Alle Rechte der Verbreitung, auch durch Film, Funk und Fernsehen,
fotomechanische Wiedergabe, Tonträger jeder Art, auszugsweisen Nachdruck
oder Einspeicherung und Rückgewinnung in Datenverarbeitungsanlagen aller
Art, sind vorbehalten.
© Copyright by Leopold Stocker Verlag, Graz 2008; 5. Auflage 2014
Printed in Austria
Layout: werbegraphik-design Gernot Ziegler, 8054 Graz
Druck: Druckerei Theiss GmbH, 9431 St. Stefan

Inhaltsverzeichnis

Vorwort

Noch immer klingt mir das sehnsüchtige Werben des Berghirsches in den Ohren, das ich heute am zeitigen Morgen gehört und erlebt habe. Und genau diese gewaltige und schönste Symphonie, die uns die Mutter Natur bietet, ist für mich Ansporn, das Vorwort zum Buch von Gerd Meyden zu schreiben.

Immer seltener und immer weniger werden sie, die unbeugsamen Kämpfer für die geschundene Kreatur. Es war für mich ein großes Glück und eine besondere Freude, den Waidmann Gerd Meyden kennen gelernt zu haben.

Aus dem anfänglichen „Beriechen" wie unsere Bayrischen Gebirgsschweißhunde, entstand hier eine ehrliche und offene Freundschaft. Rasch stellten wir dann die gleiche Wellenlänge und dieselben Anschauungen fest.

Noch heute sehe ich sein strahlendes Lächeln vor mir, als wir in der fernen Mongolei den Steinbock jagten und der Gerd mir mit stolzer Freude das erlegte Prachtexemplar zeigte. Noch heute höre ich aus der mongolischen Jurte den „jagerischen" Gesang, als wenn wir am Berg auf einer einsamen Alm- oder Jagdhütte feiern würden. Das bekannte Jagdlied „s' Jagern und s' Zitherschlag'n" traf hier voll und ganz zu, sind wir doch beide Anhänger der echten und unverfälschten Volksmusik und begeisterte Führer des Bayrischen Gebirgsschweißhundes.

Dem Nachsuchenführer Gerd Meyden ist nichts zuviel, keine Dickung zu dicht, kein Felsgrat zu steil, wenn es darum geht, ein krank geschossenes oder angefahrenes Stück Wild von seinen Leiden zu erlösen. Ob Gamsbock oder Hirsch, ob Keiler oder Rehbock, ob Alttier oder Rehgeiß, für ihn ist es eine Selbstverständlichkeit, den Schweißriemen in die Hand zu nehmen. Wir freuten uns beide, als er im Ebersberger Forst, meinem ehemaligen Dienstrevier, einen wirklich alten und starken Keiler erlegen konnte.

Nun endlich hat sich dieser Waidmann dazu aufgerafft, aus seinem reichlichen Erinnerungsschatz ein Buch zu schreiben, ist er doch auch ein gefragter Autor der allbekannten deutschen Jagdzeitschrift „Wild und Hund". Mit Begeisterung und auch mit seinem feinen Humor hat er sich nicht nur ein Denkmal gesetzt, sondern er scheut auch nicht davor zurück, der Jägerschaft ins Gewissen zu reden.

Dem Freund und Jagdkameraden, dem erfolgreichen Autor, wünsche ich viel Erfolg mit seinem Buch.

Schliersee, im Hirschmond 2007
Konrad Esterl
Wildmeister

Danksagung

Danken möchte ich den Redakteuren von „Wild und Hund", die mir den Weg gewiesen haben, dass Erlebtes lesbar werden konnte, jagen doch die Gedanken, voll des Erinnerns, bei mir gerne über das geschriebene Wort hinaus.

Wie einen „überpassionierten" Schweißhund haben mich die Erfahrenen oftmals „zur Fährte!" zurückgeholt.

Am Wegesrand

Ein stiller und warmer Sommerabend. Es ist eigentlich noch zu früh, um anwechselndes Wild zu erwarten. Doch ich sitze gern zeitig und lasse den Tag geruhsam ausklingen. Langsam wandern die Schatten den besonnten Berghang hinauf. Heut' habe ich mir ein kleines Bodensitzerl am Wegesrand ausgesucht. Von hier aus kann ich einen weiten Bereich des vor mir liegenden Berges überschauen.

Ein paar Gamsjahrlinge tauchen bereits hin und wieder aus den deckenden Weißerlen, den Laublatschen auf. Heute habe ich keine „ernsten Absichten". Vielleicht kann ich meinem Freund ein jagdbares Stück ausmachen. Die Kipplaufbüchse lehnt am Baum und mein Schweißhund sitzt aufmerksam an meiner Seite.

Plötzlich knurrt die Hündin leise und äugt nach rechts. Dort schlängelt sich der Weg bergwärts zu einer vielbesuchten Unterkunftshütte hinauf. Schon höre ich Stimmen, und um die Krümmung des Pfades tauchen zwei Wanderer auf. Bald sind sie nahe heran. Ein älterer Mann, aufrechter Haltung mit gepflegt gestutztem, weißem Vollbart. Seine Begleiterin, eine mütterlich wirkende Frau, es könnte die Seine sein. Kurz bevor sie mich erreicht haben, verhalten sie ein wenig erschreckt den Schritt. So gut gedeckt,wie ich hier sitze, bin ich erst im letzten Augenblick zu erkennen.

„Oh, Herr Jäger, haben wir Ihnen was verscheucht?"

Ich beruhige sie, es sei ja noch sehr früh am Abend. Und so kommen wir ins Gespräch.

Ich freue mich immer, wenn aufgeschlossene Menschen mit dem Jäger reden. So kann man vieles an den rechten Platz rücken. Die beiden sind voller Wissbegier, was es hier zu jagen gibt. Sie bedauern, wie eigentlich alle Spaziergänger, mit denen ich mich unterhalte, dass man kein Wild mehr sieht. Ein großes Thema. Dann erzählt mir das Paar, sie seien Vegetarier, da sie die unwürdige Behandlung des Schlachtviehs nicht unterstützen wollen. Als ich ihnen den Unterschied darlege, wie im Gegensatz dazu das Wild normalerweise „geerntet" wird, horchen sie auf. Den Ausschlag gibt dann auch das Argument der gesunden Ernährung. Dass Wildbret das annähernd gleiche Maß an gesundheitsförderlichen Omega-3-Fettsäuren wie Fisch hat, ist ihnen neu. Und dann kommt die immer wiederkehrende Frage an den Jäger: „Warum machen Sie das?"

Schier unerschöpflich reden wir über Jagd und Natur. Die zwei sind gescheite Frager und Zuhörer, und manche ihrer Fragen machen mich nachdenklich.

Als sie sich nach gut einer Dreiviertelstunde als zukünftige Wildbretesser verabschieden, bin ich mit meinen Gedanken wieder allein.

Was hat mir das Jäger-Sein gegeben? Neben der Freude am Beutemachen die Beute selbst, wobei die Trophäe auch eine gewisse Rolle spielt. Wie viele Stunden genussvollen Erinnerns haben mir die, von Unwissenden oft verspotteten „Schädel" gebracht. Bei jedem einzelnen Stück kommt doch die Stunde, der Tag, das Drum und Dran der Jagd wieder aus dem Schatz der Erinnerung zurück. Wie oft stehe oder sitze ich vor einer meiner Gamskrucken, Hirschgeweihe oder einem Rehgwichtl, und dann ist alles wieder da. Da ich das Erlegte immer als hochwertiges Nahrungsmittel betrachte, so ist auch das für mich ein wichtiger Gesichtspunkt. Bei mir geht das, „horribile dictu–schrecklich zu sagen" so weit, dass ich mir im Zoo, neben dem Bewundern der schönen Tiere, oft überlege: „Ja, wie schmecken denn die?" Doch das liegt sicher nur an meiner „Verfressenheit".

Den größten Wert für mich als jagenden Menschen sehe ich in dem intensiven, mit jeder Faser wachen und wachsamen Leben in und mit der Natur. Niemand, auch nicht der größte Naturfreund, muss so aufmerksam sein. Es fordert ihn auch nicht in dem Maße.

Als Jäger muss ich unzählige Dinge beachten: Wetter, Wind-richtung, Tageszeit, Äsungsplätze, je nach Jahreszeit vermutete Einstände, Weiserpflanzen.

Ich muss die Gewohnheiten aller Tiere, auch der nicht jagdbaren, in jeder Altersstufe kennen: Wann und wo kann ich welches antreffen. Je mehr ich darüber weiß, umso farbiger, schöner und unendlich reicher wird das Erleben. Jede Pflanze sagt mir etwas. Immer wieder muss ich dafür in Büchern nachschlagen und lernen. Und dann, speziell bei der Bergjagd, ist es die körperliche Herausforderung. Hier, wie auch sonst bei der Jagd, heißt es: Der Weg ist das Ziel. Und der Weg ist das Köstlichste. Auch wenn man erst im Nachhinein, nach aller Plag und Mühe, dessen Wert erkennt. Der Schuss ist ja außer im Berg meistens der Schlusspunkt. Wie oft muss ich gerade hier erkennen, wo meine körperlichen Leistungsgrenzen sind. Sei es vor oder nach dem Schuss, wenn es ans Bergen der Beute gehen soll.

Und dann – wie oft hat mich das Jagen zur Selbstbeherrschung ermahnt, wie oft zur Geduld. Ein immer wiederkehrender, oft schmerzlicher erzieherischer Lernprozess.

Allein zu sein oder mit einem schweigsamen, gleichgesinnten Begleiter unter dem freien Himmel ungestört seinen Gedanken nachhängen zu können, ist eines der kostbarsten Geschenke, die das Jagen mit sich bringen kann.

Von einigen Stationen dieses jägerischen Weges will ich in den folgenden Blättern erzählen.

„Horn auf!"
Erinnerungen an einen Neubeginn

Als in den ersten Nachkriegsjahren jedermann mit dem Wiederaufbau und dem Kampf ums täglich' Brot sein Tagwerk verdingte, gab es Waidmänner, denen neben der Wiedererlangung der Jagdrechte auch die Erhaltung des jagdlichen Brauchtums am Herzen lag.

Einer dieser Männer der ersten Stunde war mein Lehrprinz, Dietrich Graf Bülow-Dennewitz. Nach der Flucht aus seiner Heimat Ostpreußen hatte er in München seinen neuen Wohnsitz gefunden. Er wurde der Lehrmeister einer kleinen Schar angehender, junger Jäger, die sich allwöchentlich in seiner Wohnung zum Jagdhornblasen traf.

Ich war damals noch Gymnasiast der Unterstufe und musste täglich eine Dreiviertelstunde mit dem Zug nach München zur Schule fahren. Ein Mitschüler der Oberstufe, der in seiner abendlichen Freizeit bereits im Orchester der Staatsoper spielte, erbarmte sich meines Defizits im Notenlesen. Während der Zugfahrt trällerte er mir die Jagdsignale aus dem Notenbuch vor. Als Gedächtnisstütze dienten mir die Texte, die es zu den Signalen gibt. Oft fuhren wir gemeinsam mit den Rädern in die Wälder. Mein Freund sang mir dann die Signale vor, und ich blies das Gehörte auf dem Pless-Horn, bis er zufrieden war. Bei den Bülow'schen Übungsabenden war ich dann den anderen, zu deren Erstaunen, schon immer einen Schritt voraus. Da wir sehr abgelegen wohnten, konnte ich ohne Störung der Nachbarn abends vor dem Hause üben.

In der nichtjagenden Bevölkerung war das Jagdhorn damals weitgehend unbekannt. Und so hörte ich eines Tages auf der

Bahnfahrt, wie ein Mann einem Mitreisenden die Sensations-
nachricht überbrachte: „De Ami blos'n scho' wieder Alarm!
Wahrscheinli' geht's jetzt gega de Russ'n!"

Unsere fünf Mann starke Gruppe war im Jahr 1950 reif für den
ersten öffentlichen Auftritt. Ich bekam einen Bläserhut verpasst:
Schwarz mit fünf Reihen grüner Kordeln. Unter dem zu großen
Hut sah ich aus wie die „Maus unter der Teigschüssel". Die
Bezirksgruppe des Münchner BJV war stolz, mit uns eine der
ersten Bläsergruppen der Nachkriegszeit zu haben. Für einige
Jäger war jedoch das Jagdhornblasen ein Brauch, den sie als
„preußisch" ablehnten. Wir mussten des Öfteren hören: „In
meinem Revier will ich keinen Ton hören, da wird nicht geblasen!"

In den frühen Fünfzigerjahren feierte Kronprinz Rupprecht von
Bayern seinen 85. Geburtstag. Zu diesem Anlass beorderte uns
der Jagdschutzverband nach Schloss Nymphenburg, um dem
hohen Herrn einen Geburtstagsgruß mit dem Jagdhorn zu bringen.

Nach Ankündigung beim Haushofmeister platzierte man uns
unter dem Fenster des greisen Jubilars. Doch unser Fürstengruß
konnte selbst seinem Fenster-Vorhang keine Regung abverlangen.
Man servierte uns jedoch Kognak und Brasil-Zigarren, wobei
ich mir mit meinen 15 Jahren schon sehr erwachsen vorkam. Doch
nach diesem Genusse musste ich mich sehr zusammenreißen,
die Beine waren mir schwer, und Nymphenburger Schloss und
Park drehten sich beängstigend.

Als eine der ersten bayrischen Bläsergruppen wurden wir,
mangels anderer Corps, im ganzen Lande herumgereicht. Wo
immer es ein größeres Jubiläum zu feiern gab oder eine größere
Jagdveranstaltung stattfand, wir waren sehr gefragt. Oftmals fand
am darauf folgenden Tag eine Treibjagd statt. Kein Mensch störte
sich damals daran, dass ich erst den Jugendjagdschein hatte, mit
dem ich eigentlich keine Gesellschaftsjagd mitmachen durfte.

Auch die Amerikaner, damals noch Besatzer, forderten uns an,
da ihnen das jagdliche Brauchtum der Deutschen gut gefiel.
Einmal waren wir zu einer Drückjagd der Amis auf Sauen als

Bläser und Treiber in den Eichstätter Forsten eingeladen. Die Jagd fand unter der Leitung bayrischer Forstbeamter statt, die aber ihrerseits keine Waffe führen durften. Besonders ein Schütze ist mir in bester Erinnerung, entsprach er doch der Klischee-Vorstellung des wilden Texaners: links und rechts baumelte ein schwerer Colt im patronen-gespickten Holster von der Hüfte. Kreuzweis' über der Brust prahlten zwei wohlgefüllte Patronengurte für seine zwei! Schnellfeuer-Rifles. Die martialische Erscheinung krönte ein kühn geschwungener Texas-Hut. So stellte ich mir den wahren Amerikaner vor. Der Zufall wollte es, dass ich in seiner Nähe war, als eine Rotte Sauen bei ihm durchzubrechen versuchte. Als er die Schwarzkittel stangengerad' auf sich zustürmen sah, floh er, seine Rifles von sich werfend, hinter den nächsten dicken Baum. Als dann die wilde Jagd an ihm vorbei in Richtung der parkenden Ami-Schlitten davongerauscht war, sprang er flugs zu seinen Automat-Waffen und entlud die Magazine in Richtung der Pürzel schwenkend Entschwundenen. Die Kontrolle der Fluchtfährten ergab glücklicherweise nichts, außer dass ein himmelblauer Cadillac mehrmals tiefblatt und waidwund getroffen wurde. Amerika hat für so etwas der staunenden Welt ein neues Wort beschert: „Kollateralschaden".

Wir haben dann abends, da nichts auf der Strecke lag, das „schöne alte deutsche Jagdsignal Caddy tot" geblasen. Ein „gemütliches Beisammensein" nach der Jagd mit den Besatzern gab es nicht, denn jede Fraternisierung der Amis mit den „Krauts" war seinerzeit untersagt. Das hat sich bekanntlich bald geändert. Es gipfelte in meinem Fall darin, dass mich ein amerikanischer General, natürlich ein Jäger, unbedingt adoptieren wollte.

Den festlichen Höhepunkt erlebten wir 1952, als wir die Landestagung des BJV in Rothenburg o.d.T. mit unseren Hörnern umrahmen durften. Mit meinen fünfzehn Jahren lernte ich da Jäger kennen, deren ich noch heute mit Hochachtung gedenke, wie z.B. Ulrich Scherping, den untadeligen ehemaligen Oberstjägermeister, oder Wolfgang Baron Beck, dem wir den Erhalt des Reviersystems zu verdanken haben.

Ein Jahr darauf bliesen wir dem damaligen BJV-Präsidenten, Baron Eggloffstein, das letzte Halali. Sein Sarg stand, von uns Bläsern flankiert, auf der Bühne des Münchner Krematoriums. Beim Kommando „Horn ab" schlug einer von uns, zackig das Horn absetzend, donnernd auf den Sarg. Doch das hat den alten Waidmann nicht mehr erschüttert. Nach der Trauerfeier kam einer der Krematoriums-Angestellten ganz ergriffen zu uns, mit den Worten: „A so a scheans Halleluja hob i no nia g'heart." Jagdhornblasen war eben damals für weiteste Kreise etwas Neues.

Zur festlichen Premiere des Films „Der Förster vom Silberwald" wurden wir Bläser auf der Bühne des Münchner „Filmtheaters am Karlstor" aufgestellt. Am Rednerpult stand der damalige Landesjägermeister des Landes Salzburg, Baron Mayr-Mellnhof, in dessen Revieren der Film, der auch noch heute eine aktuelle Tendenz hat, gedreht wurde. Das Publikum bestand außer den zahlreichen Honoratioren aus ganz „normalen Leuten von der Straße". Als uns der Baron nach langer, ausführlicher Rede das Zeichen zum Blasen gab, waren viele der „normalen Leute" tief und sanft eingeschlummert. Doch bei den ersten Tönen des „Hohen Weckens" schossen die Schläfer, wie vom wilden Affen gebissen, in die Höhe. Nur mit Mühe konnten wir unsere Fassung bewahren.

Zur Herbstzeit musste ich bald einen Terminkalender führen, denn die „grüne Welt" brauchte nun für ihre wieder erlaubten Gesellschaftsjagden Bläser. Diese waren noch sehr rar. Es ging von Jagd zu Jagd, sodass meine schulischen Leistungen alle roten Warnlichter im Elternhaus aufblinken ließen. Der Abschluss des Gymnasiums war in „grüner" Gefahr. Die Wanderjahre eines jungen Jägers mussten vorerst beendet werden.

Der alte Drilling

Hoch in einer alten Weide habe ich mir einen kleinen, notdürftigen Sitz gebaut. Ganz stolz sitze ich hier, mit meinen sechzehn Jahren und mit einem druckfrischen Jugendjagdschein in der Tasche. Weit kann ich über die sommerlichen Wiesen schauen. Es ist Blattzeit, und die Augusthitze flimmert über dem Land. An vielen kleinen Stauden ringsumher hat ein Bock seinen Zorn ausgelassen und die Erlen- und Weidenbüsche haben es arg büßen müssen. Den würde ich mir allzu gerne mal anschauen. Vielleicht kann ich ihn heute mit dem Blatten betören. Drüben beim Nachbarn, beim Baron, sehe ich weit entfernt ein Reh wie suchend durch die Wiesen streifen. Das könnte doch ein Bock sein. Und tatsächlich, das Glas bestätigt meine Hoffnung. Doch er ist noch zu fern für meine verlockende Musik.

„Ach was, ich probier's einfach!"

Und beherzt blase ich auf mein straff gespanntes Buchenblatt, was das Zeug hält.

„Hurra, er wirft auf!"

Und noch einmal ertönt überlautes Angstgeschrei einer bedrängten Rehgeiß. Da stürmt er schon heran, von wilder Eifersucht getrieben.

„Teufel, Teufel, was bin ich für ein toller Lock-Jäger!"

Doch kurz vor dem kleinen Bach, der die Reviergrenze bildet, stoppt er. Noch ist er beim Nachbarn. Innerlich flehe ich:

„So komm doch herüber!"

Ganz glatte, engstehende, hohe Spieße sind seine Wehr. Jetzt wendet er sich, er möchte wohl wieder zurück. Da wage ich ein zartes, flehendes Fiepen. Und mit einem Sprung setzt der Getäuschte über den Bach. Längst habe ich den Hahn meines

Drillings aufgezogen. Wieder verhofft er, jetzt herüben in unserem Revier. Über Kimme und Korn nehme ich Maß, und der Schuss peitscht hinaus. Doch was ist das? Der Beschossene steht wie eine Scheibe. Schnell eine neue Patrone in den Lauf! Den Hahn aufgezogen und – peng! Keine Reaktion! „Herrschaftszeiten, da soll doch der schwarze Samiel dreinfahren!"

Langsam zieht der Bock ein paar Stechschritte weiter und steht wieder wie gemauert. Jetzt aber schnell! Ich fummle eine neue Patrone aus der Tasche, die leere Hülse fällt rasselnd durch die Äste in das Brennnesseldickicht am Boden. Ja, ist denn der taub? Nach dem dritten Schuss wird es ihm dann doch zu mulmig und mit weiten, hohen Fluchten springt er ab. „Sakradi!" Doch nicht zurück, wo er hergekommen ist, sondern in unser Revier hinein. Jetzt bleibt er nochmals verhoffend stehen, äugt misstrauisch zu dem Donnerbaum zurück. Verzweifelt habe ich wieder nachgeladen. Eigentlich ist er schon viel zu weit, doch mir ist das jetzt ganz egal. Diopter hochstellen, etwas höher gehe ich ins Ziel, und auf den sorgfältig aufs Blatt gezielten Schuss haut es den Enggestellten wie vom Blitz erschlagen zusammen. Zuerst blicke ich erstaunt auf mein Feuerrohr, dann bricht Jubel aus mir heraus.

„Ich bin der Größte, ein wahrer Meisterschütze!"

Dass ich auf diese Entfernung noch treffen konnte! Ich könnte mir selbst auf die Schulter klopfen.

Jetzt hält mich nichts mehr auf meinem luftigen Sitz. Erst lasse ich an der Schnur, mit der ich ihn auch heraufgezogen habe, den Drilling zu Boden gleiten. Dann klettere ich durch's Geäst hinab, schnappe mir meine Wunderwaffe und muss mich beherrschen, um nicht zu meiner Beute hinzurennen. Diesen Meisterschuss muss ich mir doch gleich anschauen, um meine Heldentat so recht genießen zu können. Doch wie ich dann den Erlegten auch drehe und wende, weder links noch rechts ist auf dem Blatt ein Schussmal zu finden. Da fällt mein Blick, als ich das Gwichtl anschauen will, auf einen winzigen, schweißigen Fleck unterhalb des Hauptes: Die Kugel hatte den Bock genau am ersten Halswirbel getroffen. „Na bravo!" sage ich mir. Etwas ratlos kratze ich mir den Kopf: „Wie soll ich das nur jemandem erklären?"

Nun, um das verständlich zu machen, muss ich ein wenig ausholen.

Meine Familie hatte einen Freund und Nachbarn, dessen verstorbener Vater Jäger war. Der hatte vor Kriegsende seine wertvollen Waffen, wie so viele andere Jäger auch, eingegraben, um sie vor der „Befreiung" durch die Besatzer zu retten. Die weniger wertvollen Stücke gab man dann als braver Bürger den Amerikanern, denn einem Jäger hätte man nicht geglaubt, dass er gar nichts abzugeben hat. Anfang der Fünfzigerjahre, als die Deutschen ihr Jagdrecht zurückerhielten, wurden dann auch, o Wunder, die verschwundenen Waffen „exhumiert" und „wiedergefunden". Die Bedrohung durch die Todesstrafe auf Waffenbesitz war aufgehoben worden.

Dieser väterliche Freund war selber kein Jäger. Er hatte aber solche Freude an meiner und meines Bruders Jagdbegeisterung, dass er uns großzügig den Drilling seines Vaters schenkte.

Die Waffe stammte aus einer angesehenen Ulmer Werkstatt. Sie hatte eine herrliche Gravur und außen liegende Hähne. Das Schrotkaliber war 16/65 und als Kugel die alte Försterpatrone 9,3 x 72 R. Der Schaft war aus herrlich wolkigem Wurzelholz und hatte an der Unterseite ein Schaftmagazin für fünf Kugelpatronen. Dies hatte die gleiche edle Gravur in verschlungenen Arabesken wie auch die Seitenplatten. Auf dem Laufbündel befand sich ein Diopter, der für weite Schüsse hochgestellt werden konnte. Außen war die Waffe noch in tadellosem Zustand, aber, oh Weh, wie sahen die Läufe innen aus?! Der Kugellauf war noch einigermaßen in Ordnung, doch die Schrotläufe hatten arg gelitten. Der alte Herr hatte es wohl sehr eilig mit der „Bestattung" gehabt, und nur die öligen Lappen außen um die Waffe hatten das Schlimmste verhindert. Wir haben ihr mit viel Liebe und Ballistol zu neuem

Glanz verholfen, doch bei Rostnarben, wenn sie sich einmal eingefressen haben, kommt Öl zu spät.

Wir waren jedoch selig, ein eigenes Gewehr zu haben, dessen Einsatz wir uns nun brüderlich teilten.

Mit im „Grab" der Wiedergekehrten befanden sich auch etliche Schachteln mit Kugelpatronen. Die Messinghülsen und die Bleiköpfe der Teilmantelgeschosse waren arg oxydiert. Die haben wir Stück für Stück aufpoliert, bis sie fast wie neu aussahen.

Die Probeschüsse konnten wir in einem Revier machen, das wir, als wär's unser eigenes, betrachten durften. Wie es dazu kam, muss ich wohl an dieser Stelle einfügen.

Ein in unseren Augen „alter Herr", er mochte damals vielleicht fünfundfünfzig Jahre gezählt haben, wurde durch glücklichen Zufall auf die glühende Jagdpassion von uns zwei Brüdern aufmerksam.

Ein landschaftlich vielseitiges Revier, mit Wald, Feldern, Wiesen und einem lauschigen, sich durch die Wiesen schlängelnden Bach, welches mehr als tausendfünfhundert Hektar groß war, bejagte er allein. Der Mann, an dieser Stelle verdient er es, dass sein Name festgehalten wird, Heinz Hobbhahn, war gebürtiger Ägypter mit deutschem Vater. In seiner Jugend in Ägypten ging er viel auf die Jagd. Doch weil es dort wenig Schalenwild gibt, so wurde er durch das reichlich vorhandene Flugwild ein begeisterter Flintenjäger. Rehe waren für ihn weitgehend uninteressant.

Für uns eröffnete sich ein Paradies. Den gesamten Rehwildabschuss überließ er uns, nachdem wir miteinander näher bekannt geworden waren und er über Zugang zu unserem Elternhaus Vertrauen in uns setzen konnte. Doch eine Bedingung knüpfte er an unser gemeinsames Jagen: Hasen, Hühner und Enten durften wir nur zusammen mit ihm bejagen. Dazu brauchte er uns zwar auch, doch noch eher unseren Hund. Wir hatten aus eigener Zucht einen, damals bereits mit ersten Preisen auf Prüfungen, wie Derby und Solms prämierten Deutsch-Kurzhaar Rüden, Birko v. d. Achenburg. Das Revier lag ca. 12 km von unserem Wohnhaus entfernt. Jeden Weg dorthin legten wir nur per Rad zurück, und der Rüde trabte flott nebenher.

Hobbhahn hatte nur einen uralten, gichtigen, aber heißgeliebten Dackel. Dieser kleine Kerl war das Ein und Alles für das kinderlose Ehepaar. Nur leider hatte er, sicher durch Süßigkeiten, vollkommen kaputte Zähne, die unsäglich faulig stanken. Immer wenn ich bei Hobbhahns im Hause war, krabbelte der alte Hund, der an mir einen „Narren gefressen" hatte, auf meinen Schoß. Ich musste Freude an dem alten Liebling mimen und seine unbeschreiblichen Ausdünstungen ertragen. Ein Kind des Hauses darf man doch nicht verstoßen! Und mein Herz gehört ohnedies den Hunden. Dieser liebe, väterliche Freund gewährte uns freie Entscheidungen in seinem Revier, die es wohl nirgends sonst gab. Dafür bekamen wir aber viele gutgemeinte Ratschläge und Weisheiten seines Lebens mit auf den Weg.

Es war eine seiner gern zitierten Ermahnungen, die er uns mit Augenrollen und erhobenem Zeigefinger wieder und wieder ans Herz legte: „Buuben, der Woold hat Auugen!" Der Gute wollte uns damit warnen, dass wir nicht mit irgendwelchen Mädels im Walde Schabernack treiben sollten und eventuell dabei beobachtet würden.

Doch die Nichtbeachtung seinerseits, gerade dieser Erkenntnis, sollte ihm großen Ärger einbringen.

Er fing nämlich ein zartes Techtelmechtel mit einer sechzehnjährigen Schülerin aus dem Dorf an, das in der Mitte des Reviers lag. Zärtlich nannte er sie: „Meine kleine Schlange", wobei er in seinem netten Akzent „maine klaiine Schlonge" sagte. Wir trafen ihn, wie es der Zufall wollte, mit dem Mädchen auf einem Hochsitz an, und da musste er uns notgedrungen die Sachlage erklären und uns zum Schweigen verpflichten. Dass wir dicht hielten, war für uns selbstverständlich. Doch als er mit seiner Frau einmal einen Waldspaziergang machte und dabei von der kleinen „Schlonge" gesehen wurde, fragte diese natürlich, wer denn das gewesen sei. „Ach", sagte er wegwerfend, „das war nur meine Haushälterin."

Doch dann spitzte sich die Lage dramatisch zu, als die eifer-
süchtige „Schlange" einen Brief an ihn schrieb, in dem stand, dass
sie sehr ungehalten sei, weil er mit so einer alten Hex', die ja nur
Haushälterin sei, in ihren Liebeswald gehe.

Dumm gelaufen, denn der Brief wurde „versehentlich" von
seiner Frau geöffnet. Da gab's gehörig Feuer unterm Dach. Wir
wurden von ihr herbeizitiert und peinlichst befragt, was wir von
der Affäre wüssten. Doch wir stellten uns total ahnungslos. Zum
Glück legte sich der Sturm nach ein paar Monaten und der späte,
zweite Frühling unseres lieben, alten Freundes blieb Gott sei Dank
ohne weitere Folgen.

Aber nun zurück zum Drilling!

Unser Jagdherr hatte selber einige „wiedergefundene" Waffen in
seinem Schrank stehen. Darunter einen Doppelbüchsdrilling im
seltenen Kaliber 6,5 x 58R. Diesen konnten wir uns zeitweilig
ausleihen. Doch die dazugehörige Munition war so rar, dass jeder
Schuss sorgfältigst überlegt werden musste, denn bald drohte
der kaum ersetzbare Vorrat zu Ende zu gehen.

Da kam uns das Geschenk des alten Hahndrillings wie gerufen.
Der erste Probeschuss war zufriedenstellend, doch eine größere
Probeserie war ausgeschlossen, denn auch hier musste an der
schwer zu bekommenden Munition gespart werden. So gaben wir
uns mit dem Ergebnis zufrieden, bis dann die „raue Praxis" zeigte,
dass das Pulver, im wahrsten Sinne des Wortes, „nass" geworden
war.

Nach mehreren „Fehlzündungen", die uns beinahe mutlos
gemacht hatten, geschah es dann, dass der nächste Schuss nicht
nur losging, sondern auch da saß, wo er hingehörte. „Na also, es
geht doch!" sagten wir, und das gab uns immer wieder neuen Mut
zu neuen Taten.

Es kam der Herbst, und der Geißenabschuss sah mich fleißig
im Revier. Rehe gab es nicht mehr viele, denn die amerikanischen

Besatzer hatten ziemlich „reinen Tisch" gemacht. Wieder einmal war ich als Benutzer der edlen Waffe dran und mein Bruder war nur interessierter Begleiter. Gut gedeckt, erwarteten wir von einem Bodensitz das zu Felde ziehende Rehwild. Vor uns ein lichtes Fichten-Stangenholz, ohne Bodenbewuchs. Eine einzelne Geiß zog noch bei gutem Licht dem Waldrand zu. Ruhig zielte ich ihr die Kugel aufs Blatt. Auf den Schuss die bilderbuchmäßige Hochflucht, wie bei einem guten Blattschuss. Bald war sie außer Sicht, aber wir waren uns sicher, sie nach wenigen Metern zusammenklauben zu können. Doch zuerst, wie sich das für einen angehenden, gewissenhaften Jäger gehört, den Anschuss kontrollieren. Seltsam, kein Tröpferl Schweiß, kein Schnitthaar zu finden. Nur kräftige Schaleneindrücke, genau dort, wo der Anschuss war. Wir schnoberten auf dem blanken Waldboden umher, da plötzlich, ja, was liegt denn da? Das Kügerl!

Die schwach gewordene Pulverladung hatte das Geschoss gerade noch bis zur Geiß getrieben, sie wie mit einem Schuss aus der Steinschleuder getroffen, heftig erschreckt und war dann kraftlos zu Boden gefallen. Das war ja doch die Höhe! Die nächste Stufe wären ja dann wirklich Pfeil und Bogen.

Wir großen Waidgesellen haben uns erst saudumm angeschaut, doch dann lachten wir herzlich. Unser Vater daheim musste zwar auch verkniffen schmunzeln, doch er fand, das sei nun doch keine rechte Jagerei und mein Bruder, als der Ältere, bekam einen Mauser Repetierer im Kaliber 7 x 57, und den auch noch mit Zielfernrohr.

Doch mir blieb dann nur als Ausweg der alte Drilling, wenn wir getrennt jagen wollten.

So war ich im Spätherbst übers Wochenende bei einem Freund in dessen väterlichem Revier im Süden Münchens zum Geißenabschuss eingeladen.

Diese „Jagdreisen" machte ich damals stets per Eisenbahn. Mit dem Kurzhaar an der Seite, den Drilling ohne Futteral stolz geschultert, trabte ich durch den Münchner Hauptbahnhof, um den Anschlusszug gen Süden zu besteigen. Kein Mensch wunderte sich damals über den bewaffneten jungen Jäger, kein Mensch kam auf irgendwelche ängstliche oder gar jagdfeindliche Gedanken.

Auch am Ankunftsort ging ich per pedes zum Jagdfreund auf die Hütte. Mein Freund Leonhard, als frommer Mensch, eilte am nächsten Morgen, es war Sonntag, zur Kirche, während ich schon in der Dämmerung einen Hochstand am Waldrand mit Blick auf das ferne Dorf bestieg. Lange Zeit tat sich nichts. Nur am Glockengeläut der Kirche konnte ich den Fortgang des Gottesdienstes verfolgen. Dann, gerade als das Läuten das Ende der Messe verkündete, zog ein Sprung Rehe vom Wald heraus auf die Wintersaat. Gleichzeitig sah ich den Leonhard die lange Allee vom Dorfe zum Wald herankommen. Ich suchte mir ein Kitz aus der kleinen Schar heraus, der Hintergrund war frei, Hahn aufgezogen und der Schuss fuhr heraus. Nichts! Der Sprung Rehe trat beunruhigt durcheinander, noch ohne abzuspringen. Das Kitz stand frei, also noch mal geschossen. Wieder nichts! Jetzt war's den Rehen doch zu bunt, sie flüchteten zurück zum Wald. Dort, im Stangenholz, verhofften sie. Dritter Schuss. Wieder kein Ergebnis! „Ja, Kruzitürken, zum Teufel mit der verdammten Munition!" In der Allee sah ich den Freund herbeirennen, was die Beine hergaben. Jetzt stand ein anderes Kitz frei, also frisch noch einmal geschossen! Es fiel um, wie erschlagen. Na also!

Immer noch rannte Leonhard wie von Furien gehetzt. Wieso denn nur? Na, ich hatte mein Kitz, das wollte ich mir nun holen.

Nach dem Einschuss suchend, stand ich ziemlich ratlos da. Es gab keinen. Wie ich es auch drehte und wendete, es war weder ein Ein- noch ein Ausschuss zu finden. Das Kitz konnte doch nicht vor Schreck verendet sein. Beim Hochheben traf mich ein Schweißspritzer. Halt, wo kam der jetzt her? Vom Haupt. Und dann sah ich ein wenig Schweiß, innen in der Höhlung des Lauschers. Die Kugel hatte genau in den Lauscher, in den Gehörgang, hineingetroffen.

Der atemlos angelangte Leonhard traf mich gerade beim Aufbrechen an. Verwundert fragte ich ihn, warum er denn so gerannt sei.

„Was war denn bei dir los?" keuchte er, „ich dachte du hättest ein Gefecht mit Wilderern. Und warum denn so viele Schüsse?"

„Ja weißt du," ich musste mir schamvoll schnell eine Jäger-Notlüge ersinnen, „ich hatte vor Kälte so klamme Finger, dass ich den allzu fein eingestochenen Abzug mit den klammen Fingern immer zu früh berührt habe. Als die Rehe dann fast verschwunden waren, schaute nur noch das Häuptl eines Kitzes hinter einem Baum hervor, und so habe ich es mit Kopfschuss erlegt."

Das war knüppeldick aufgetragen, dafür sollte ich mich heute noch schämen, doch der gute Freund hat's schmunzelnd „gefressen". Vor allem war er erleichtert, dass es nun doch keine Wildererschlacht war.

Nach dieser abenteuerlichen Geschichte war dann endgültig Schluss mit der unzuverlässigen Kugelschießerei. Der heilige Hubertus hatte die ganze Zeit seine Hand schützend über seinem Wild gehalten. Trotz der abenteuerlichen Schussergebnisse wurde nie ein Stück Wild krank geschossen. Entweder die Kugeln gingen ins Blaue, oder sie trafen absolut tödlich, sodass dem Wild niemals unnötige Leiden zugefügt wurden.

Der Drilling kam nur noch als Flinte zum Einsatz und tat so noch eine ganze Zeit seinen Dienst, bis ich mir endlich, endlich eine eigene, neue Waffe leisten konnte.

Man könnte heute leicht stirnrunzelnd kritisieren, dass ich mit einem solchen Gewehr überhaupt auf die Jagd gegangen war. Doch Anfang der Fünfzigerjahre war das Angebot an Waffen äußerst rar und meine Mittel als Gymnasiast waren mehr als gering, im Gegensatz zu meiner unbändigen, heißen Jagdleidenschaft.

Auch wenn die Waffe nicht mehr zum Einsatz kam, so hat sie mich in späteren Jahren, als ich mir längst die Träume von handgearbeiteten Waffen erfüllen konnte, an die Jugendzeit erinnert, die wir, miteinander jagend, erlebt und erlitten haben.

Der schöne Drilling stand dann mit den neu dazu gekommenen Feuerrohren liebevoll gepflegt im Schrank bis zu einer Sturm-nacht an einem Faschings-Dienstag: Mit der Familie im Skiurlaub weilend, erreichte uns die Nachricht, dass in jener Nacht bei einem Einbruch in unser Haus sämtliche Jagdwaffen gestohlen worden waren.

Ich habe nie mehr etwas vom Verbleib des alten Hahndrillings gehört und hoffe und wünsche, dass der alte Lauf nunmehr alle Kugeln um die Ecke schickt.

Druckfehler

Von Druckfehlern, die selbst in seriösen Büchern, trotz vieler Korrekturprogramme vorkommen, will ich nicht erzählen. Ich meine hier jene Fehler, die ich mit dem Druck auf den Abzug meiner Büchse machte.

Die Zeit liegt noch gar nicht so lange zurück, da ein falscher Abschuss eines Schalenwildes dem Schützen einen Riesenärger einbrachte. In unserem Nachbarland Österreich ist es immer noch der erzieherische Brauch, dass die „Sünder", die z. B. einen zu schonenden Hirsch erlegt haben, namentlich im Mitteilungsblatt der Jägerschaft mitsamt der oft gehörigen Geldstrafe erwähnt werden. Felix Austria, du hast die besseren Gesetze.

Bei uns sind im Zuge der Wildfeindlichkeit vielerorts alle Schranken gefallen. Ganz besonders beim Gams- und Rehwild. Speziell die Staatsjagdreviere mit ihrer Parole „Wald vor Wild" haben jede Hemmung, auch einmal einen Druckfehler zu machen, beseitigt. Ich habe es selbst erlebt, als ich, ohne Revier, mich um einen Pirschbezirk beim „Vater Staat" bewarb.

Der mich einweisende Förster blickte missbilligend auf mein umgehängtes Fernglas: „Das brauchen Sie hier nicht, wenn's rot kommt, dann passt's schon, da müssen Sie nicht lange schauen."

Ich war so perplex, dass ich eine ganze Zeitlang brauchte, um dann zu fragen: „Was dann, wenn's das Rotkäppchen ist?" Da war's dann am Förster, perplex zu sein.

Bei den Drückjagden in eben diesem Staatsjagdrevier liegen regelmäßig etliche abgeworfen habende Böcke auf der Strecke. Mit einem Achselzucken wird über dieses Schonzeitvergehen hinweggegangen.

Doch zurück zu der lang vergangenen Zeit, da ich als Sechzehn-
jähriger mit druckfrischem Jugendjagdschein einen Rehbockab-
schuss geschenkt bekam. Ich war damals Mitglied der Jagdhorn-
bläsergruppe des Münchner BJV, und man wollte mir für die
vielen Einsätze eine Freude machen. Man hatte mir zur
Belohnung einen Bockabschuss gekauft. Voller Freude fuhr ich
mit dem Rad die etwa 40 km in das Revier im Dachauer Hinter-
land. Das Gewehr hatte ich im Futteral an der Fahrrad-Mittel-
stange festgebunden, und auf dem Buckel drückte der grüne
Rucksack mit meinen Siebensachen.

Im Orte Langenpettenbach angekommen, meldete ich mich beim
Sepp, dem Jagdaufseher.

Dieser, ein freundlicher Austragsbauer, zeigte mir das Revier
und meinen vorgesehenen Wirkungsbereich. Wir saßen am Abend
noch gemeinsam an, hatten zwar keinen Anblick, aber der Sepp
vertröstete mich: „Da gehst am Morgen alloa naus, da kannst
garnix falsch machen! Um Schlag Fünfe kommt von der Talsenke
herauf ein semmelgelber Bock. Rechts zeigt er auf Sechser, links
hat er nur eine Gabel. Der ist so pünktlich, nach dem kannst dei'
Uhr stellen!"

Hurra, endlich alleine jagern!

Die Nacht in dem Bauernhof, in dem auch der Sepp in seinem
Austragsstüberl hauste, war kurz. Noch im Finsteren hörte ich die
Bäuerin im Stall unter meiner Stube die Kühe zum Melken
aufmüden: „Auf zu Gott!" rief sie ihren Viechern zu.

Ich schwang mich auf meinen Drahtesel, und ab ging's zu
meinem Ansitz. Der junge Tag dämmerte herauf, und tatsächlich,
als die Kirchturmuhr die fünfte Morgenstunde schlug, zog vom
Talgrund der semmelgelbe Bock auf meinen Hochsitz zu. Ein
kurzer Blick durch's Glas, ja pfeilg'rad, rechts zeigt er auf
Sechser. Das ist er! Als er in Schussentfernung heran war, hatte
ich längst den Hahn der von einem Freund ausgeliehenen Büchsflinte gespannt. Über Kimme und Korn gut zusammengeschaut,

und schon brach der Schuss mit der alten Försterpatrone 9,3 x 72R. Der Semmelgelbe versank im taunassen Klee.

Stolz und überglücklich konnte ich die Wartezeit nach dem Schuss kaum ertragen und eilte dann mit raschen Schritten zum Kleefeld. Als ich voller Freude das Haupt des Erlegten emporhob, traf mich fast der Schlag. Ja, beim schwarzen Samiel! Das war ein wunderbar regelmäßiger, blutjunger, beidseitiger Sechserbock, ich konnte das Gwichtl drehen und wenden, wie ich wollte, aus der linken Stange wurde keine Gabel. Die Welt drohte zusammenzustürzen. Ganz benommen schleppte ich den Erlegten in den Wald und brach ihn erst einmal auf. Dann hockte ich mich völlig fertig auf einen Baumstumpf und überlegte: Es gab nur zwei Möglichkeiten, entweder ich brach ihm links ein Ende ab, oder ich erschoss mich hier auf der Stelle. Allen Ernstes überlegte ich, Schrot oder Kugel zu nehmen, für so groß hielt ich die Schande meines Vergehens. Oh Gott, was würden meine Gönner beim BJV zu meiner Verfehlung sagen? Ich dachte an meine entehrten Eltern. Doch dann, nach schrecklichen Minuten, entschloss ich mich für die dritte Möglichkeit: Ich wollte zu meinem Fehler stehen und mein Versagen voller Scham bekennen.

Als nach einiger Zeit der alte Sepp, der den Schuss vernommen hatte, nach mir schauen kam, kratzte er sich sorgenvoll den Stoppelkopf: „O mei, da wird der Herr Dokter schön schimpfen! Aber, Bua, denk' dir nix, an Kopf wird's net kosten!"

Der „Herr Dokter" hat sich dann auch gebührend beschwert, bei meinem Mentor, dem alten Wildmeister Scheumann. Doch der gütige, erfahrene Waidmann tröstete mich: „Ich sehe ja, wie dich das wurmt. Was glaubst du, wie viel falsche Böcke ich in meinem Leben schon geschossen habe? Wer noch nie einen Falschen erlegt hat, der hat noch nie richtig gejagt."

Dieser, früh in meiner jägerischen Laufbahn gemachte Druckfehler hat mich sehr sorgfältig im Ansprechen werden lassen. Doch unfehlbar? Wer ist das schon?

Der zweite Fall, den ich gerne ungeschehen gemacht hätte, passierte mir als Pächter eines großen Niederwildreviers. Rehe gab es genügend in den verstreut liegenden kleinen Waldstücken. Die Qualität der Gehörne ließ nichts zu wünschen übrig, obwohl der vorherige Pächter nur Sechserböcke geschossen hatte. Alle anderen waren bei ihm keine „G'scheiten Böck'".

Im Westen des Reviers hatten wir einen abgelegenen Waldteil, das Köllinger Holz. Es grenzte an die Nachbarjagd, deren Pächter ein tadelloser Jäger war, mit dem man auch Schon-Verein-barungen treffen konnte, an die er sich auch hielt. Dort hatte neben anderen Rehen auch ein Jahrling seinen festen Einstand. Eigentlich war er der ideale Abschussbock. Ein Stangerl war etwa zwei, das andere fünf Zentimeter hoch. Jeder hätte ohne zu Zögern diesen Jüngling erlegt und damit auch Recht getan. Doch da er so vertraut war und pünktlich bei Morgen- und Abendansitz erschien und einem einen immer sicheren Anblick bescherte, was von meinen Kindern freudig begrüßt wurde, sprach ich ein Tabu über ihn aus. Niemand durfte ihm was tun. Die Kinder hatten dann auch bald einen Namen für ihn: „Mäxchen". Sie waren ganz versessen, auf den Ansitz mitzukommen, weil da mit Sicherheit immer was zu gucken war und ihr Liebling zuverlässig auftauchte.

Der Sommer ging dahin, die Brunft war auch schon vorbei. Mäxchen wurde zwar einige Male von stärkeren Böcken „ausgeteufelt", aber er blieb immer in der Nähe seines ursprünglichen Einstandes und wir waren alle gespannt, wie er sich im nächsten Jahr entwickelt haben würde.

Der Oktober kam und mit ihm rückte das Ende der Schusszeit näher. Ich war in einem anderen Revierteil auf Geißen angesessen und wollte am Waldrand an einem Wiesenstreifen zu einer Anhöhe hochpirschen. Da zeigte sich im Morgennebel droben auf der Höhe die Silhouette eines geringen Bockes. Ich sank in die Knie und trug dem Verhoffenden die Kugel an.

Als ich dann oben ankam, ich schäme mich nicht, habe ich bitterlich geweint: Ich hatte Mäxchen gemeuchelt. Was, zum Teufel, hatte er hier, fast einen Kilometer von seinem Einstand, zu suchen? Doch was bedeutet einem Reh eine so geringe Entfernung! Es gab keine Entschuldigung. Und den Kindern habe ich es, Feigling, der ich war, verschwiegen.

Nach einigen Jahren hatte ich im gleichen Revierteil, wo weiland Mäxchen seine Fährte gezogen hatte, einen Ausnahms-Bock stehen. Er prahlte ungemein mit einer hochgezackten Krone und schien auf dem Höhepunkt seiner Entwicklung zu sein. Das, so sagte ich mir, wäre für meinen Freund Peter der Rechte. Dieser Starke trug ein Gehörn, das sich auch der verwöhnteste Jäger gerne an die Wand hängen würde. Der Peter, der mich mit Gamseinladungen reichlich bedachte, würde sich freuen. Peter kam, sah und schoss nicht.

Er fand, dass dem Bock noch ein weiteres Jahr der Reife gut täte. Nun gut, dann im kommenden Jahr. Die Absprache mit dem Nachbarn klappte auch, wie es sich gehört. Und dann kam die Schonzeit und die Rehböcke hatten endlich Ruhe.

Der Starke war seinem Einstand treu geblieben und zog, winterlich grau, mit den anderen Rehen weit ins Feld innerhalb meines Reviers hinaus.

Ich hatte noch reichlich Geißen und Kitze zu erlegen. Nach wochenlangen Stürmen und Regengüssen hatte ich wenig Erfolg gehabt. So erlaubte ich mir, ausnahmsweise auch mal am Allerheiligentag auf die Jagd zu gehen. Normalerweise ruht ja an diesem Tag die Jagd, um die Bevölkerung nicht durch Geknalle in ihrer Totenandacht zu stören. Daher ist dieser Tag auch traditionell bei den Wildschützen sehr beliebt, da die Jäger auch bei den Gräbern sind. Doch mir ging's nicht um's Wilderer-Fangen, sondern ich musste mich einfach um das Abschuss-Soll kümmern. Außerdem lag dieser Revierteil weit ab vom Dorf, und wer ist denn noch spätabends auf dem Friedhof?

Für den Ansitz wählte ich mir jenen westlichen Waldteil, wo auch der Starke seinen Einstand hatte. Mein Hochstand war dem Felde zugekehrt, am Rande des Waldes, nach Süden blickend. Westlich von mir befand sich ein kleiner, jetzt von herbstlich entblätterten Erlen umstandener Weiher. Im Sommer ertönte aus ihm der stimmungsvolle Chor der Frösche, die nun, tief im Laub vergraben, dem Frühjahr entgegenschlummerten. Hinter dem Weiher mit seiner Erlenzeile lag ein Acker, der mit seiner schwarz-moorigen Erde nun abgeerntet und umgebrochen war.

Im schwindenden Tageslicht zog ein kleiner Sprung Rehe rechts von mir aufs Feld und hinter dem Weiher über den schwarzen Acker. Voller Freude sah ich auch den guten Bock dabei, der noch sein Gehörn aufhatte. Unter diesem Sprung machte ich ein schwaches Geiß-Kitz aus. Als es kurz verhoffend frei stand, fuhr mit blendendem Mündungsblitz der Schuss hinaus. Verschreckt preschten die restlichen Rehe auf die Feldflur. Im schwarzen Acker sah ich das graue Reh daliegen und im Verenden leuchtete der weiße, gespreizte Spiegel.

Ruhig packte ich meine Sachen zusammen und stapfte aufs Feld, um das Kitz zu holen. Doch da blieb mir vor Schreck fast das Herz stehen. Vor mir lag – aus dem Blatt tropfte es rot über seine Decke – der sorgsam geschonte, dem Peter zugedachte Rehbock. Ich verstand mich und die Welt nicht mehr. „Jetzt geb' ich's auf! Ja, ist denn alles verhext!? Wer solche Fehler macht, der darf nicht mehr jagen! Aus! Vorbei!"

Wütend brach ich den Bock auf, warf ihn in die Wildwanne und brauste heim. Dort angekommen, übergab ich meiner Frau die Büchse: „Nimm du sie, ich habe heute den letzten Schuss getan! Für mich heißt's Jagd vorbei! Schau dir an, was ich angerichtet habe!"

Sie konnte das nicht verstehen, als ich ihr den Hergang der Ereignisse geschildert hatte. Zerknirscht hing ich den Erlegten zum Auskühlen auf. Es wurde eine unruhige Nacht. Nicht wegen des Schonzeitvergehens, sondern weil ich bei noch gutem Licht auf ein Kitz geschossen und dafür einen Bock auf die Decke gelegt hatte. Das ging mir nicht in den Kopf. Solch eine Verwechslung darf einem nie, niemals passieren! Wenn's bei mir so weit gekommen ist, dann ist es Zeit, die Büchse an den Nagel zu hängen.

Anderntags, als ich den Steifgewordenen in den Keller tragen wollte, schaute ich mir nun erstmalig den „Einschuss" an. Und da wurde mir alles klar. Es war kein einzelnes Einschussloch, es waren fünf. Wie von gehacktem Blei. Und das war es ja auch. Das Geschoss war auf einen, in der Dämmerung nicht mehr sichtbaren Erlenzweig gekommen und hatte sich, nun abgelenkt, zerteilt. Ausgerechnet traf es dann ihn, den streng Geschonten.

Was, so überlegte ich mir später, wäre passiert, wenn ich nur ein Gast gewesen wäre? Welcher Jagdherr hätte einem solch eine abenteuerliche Erklärung geglaubt?

Der Peter hat gelacht, als ich ihm die „Heldentat" gestand. Zum Glück ist er ein solch erfahrener Jäger, der des „Geschickes Mächte" kennt.

Im Jahr darauf stand andernorts ein hochinteressanter Abnormer, und der war ihm noch lieber, als, wie er sagte „dein langweiliger Sechser".

Cita

Etwa vierzig Meter vor mir und dem mich begleitenden Schützen sahen wir den todwunden Keiler in einer Suhle liegen. Endlich, nach vielstündiger, mehrere Kilometer langer Nachsuche waren wir am Stück. Doch die Teller spielten noch und ein schneller Fangschuss beendete sein langes Leiden.

Am Vorabend gegen 19 Uhr hatte ein Jagdgast dem Hauptschwein die Kugel (30/06) auf Schrotschussentfernung angetragen. Wie bei Sauen üblich, hatte der Beschossene nicht gezeichnet und war im Fichten- und Birkenjungwald untergetaucht. Da noch Tageslicht herrschte, konnte der den Gast führende Berufsjäger den Anschuss gründlich untersuchen. Man fand ein faustgroßes Stück Leber und war sich sicher, den Keiler nach kurzer Todesflucht verendet zu finden. Sicherheitshalber wurde noch eine Stunde gewartet, bis der Wachtel des Berufsjägers zur Fährte gelegt wurde. Nach 200 m verwies der Hund ein zweites Stück Leber, hielt die Fährte noch weitere 300 m und brachte sie, dann faselnd, nicht mehr voran. Die Nachsuche wurde wegen hereinbrechender Dämmerung abgebrochen.

Am nächsten Morgen holte man den Dackel eines Kollegen. Auch dieser arbeitete die Wundfährte bis zu dem Punkt, an dem der Wachtel aufgeben musste. Man stand vor einem Rätsel, da reichlich Schweiß und Leberfetzen auf ein baldiges Verenden des Keilers hoffen ließen. Er konnte sich dort, an einem Wegrand, doch nicht in Luft aufgelöst haben. Oder war er etwa gestohlen worden? Das war in diesem Staatsrevier höchst unwahrscheinlich.

Nach reichlichem Kopf-Kratzen entsann man sich meiner. Ich war bei den dortigen Drückjagden stets als Nachsuchengespann im Einsatz und so lag meine Verfügbarkeit nahe.

Doch bei den eindeutigen Schusszeichen glaubte man, bei der Nachsuche leichtes Spiel zu haben.

Als ich gegen 11 Uhr meine Bayrische Gebirgsschweißhündin „Raika" zur Fährte legte, waren sechzehn Stunden seit dem Schuss vergangen. Diese Zeitspanne bedeutet keinerlei Problem für einen feinnasigen Hund. Ruhig und besonnen arbeitete sie bis zum Punkt des Abbruchs der beiden anderen Kollegen. Dort war alles weiträumig zertrampelt und noch durch Hinzuziehen eines dritten Hundes reichlich verstänkert. Wir mussten bis zum letzten Schweiß zurückgreifen. Wieder ging's nur bis zu dem Wegrand. Ein weiträumiges Kreisen brachte nur eine Rotte Überläufer, zwei Hasen und ein Reh auf die flüchtigen Läufe. Es wurde jetzt auch richtig heiß und Wasser war keins in der Nähe. Ich bat um eine Pause für die Hündin, die nach zwei Stunden Suchen in Hitze und Trockenheit ermüdet war. Der Berufsjäger ließ in der Zwischenzeit das Waldgeviert, in dem man den Keiler vermutete, weiträumig umstellen und durchdrücken. Auch ich hatte einen Stand bezogen. Währenddessen schlief meine Raika, seelenruhig zusammengerollt, mir zu Füßen. Doch das Durchtreiben brachte kein Ergebnis.

Als der Jäger achselzuckend zu mir kam und fragte: „Was mach' mer jetzt, sind wir am Ende?" war meine Antwort: „Aufgegeben werden nur Brief' und Postpackl!"

Da nach meiner Ansicht der Todwunde den Weg nicht überquert haben konnte, vermutete ich einen komplizierten Widergang und dass er dann im rechten Winkel zur bisherigen Fluchtrichtung weitergezogen sein könnte. Der Jäger bezweifelte jedoch, ob die Hündin noch Lust hätte, nachdem sie am Vormittag erfolglos hatte abbrechen müssen. Doch die Brave, die mich noch nie im Stich gelassen hatte, legte sich voller Arbeitsfreude erneut in den Riemen. Diesmal kreisten wir noch weiträumiger vom letzten, markierten Schweiß weg. Und tatsächlich, nach 200 m im rechten Winkel von der bisherigen Richtung, verwies mir die bedächtig Suchende das erste Tröpferl Schweiß. Wir kamen an ein Wundbett, es war nicht mehr frisch, der Schweiß war schon vertrocknet. Sicher war der Todwunde durch den Lärm der am Morgen Suchenden aufgemüdet worden. Dann fanden wir nach weiteren 400 m nochmals ein Wundbett. Auch dieses war alt. Dann folgte Widergang auf Widergang, sodass ich meinte, jeden Augenblick auf den Verendeten stoßen zu müssen. Zeitweilig musste ich in dem bürstendichten Bewuchs auf allen „Vieren" herunter und mal 100, mal 200 m im Kriechgang zurücklegen. Wenn mich jetzt der Keiler angenommen hätte, mir wäre nicht die geringste Chance geblieben, an Büchse, Revolver oder Waidblatt heranzukommen. Wir unterbrachen, um den Berufsjäger nachkommen zu lassen, denn er führte als Beihund zur eventuellen Hatz seinen jungen Wachtel mit sich. Immer wieder glaubte ich, dem Keiler schon ganz nahe zu sein, doch die Nachsuche ging weiter und weiter. Immer wieder bestätigte Schweiß, dass wir richtig waren. Bald wieder ein neues Wundbett, jetzt schon mit noch nicht ganz eingetrocknetem Schweiß. Nachdem wir noch mehrere Kilometer dem unglaublich harten Wild gefolgt waren, kamen wir auf eine lange, gerade Gras-Schneise, in deren Verlauf eine nicht einsehbare Senke lag. Und dort, sobald wir in diese Senke hineinschauen konnten, entdeckten wir den gesuchten Keiler, der wie verendet dort in einer Suhle lag. Nur die Teller spielten und zeigten, dass er noch nicht verendet war.

Nach neunzehn Stunden, nachdem er die Leber zerfetzende Kugel erhalten hatte, nachdem mit drei anderen Hunden vergeblich nachgesucht worden war, konnte ich ihn, dank der Arbeit meiner BGS-Hündin Raika erlösen.

Als wir dann, der Berufsjäger und ich, glücklich und erschöpft an dem gestreckten Hauptschwein saßen, fragte er mich, noch von der tollen Leistung der Hündin beeindruckt:

„Gell'! Gerd, das ist doch sicher die beste Hündin, die du je hattest?"

„Gute Frage," sagte ich, „wenn man ein ganzes Jägerleben lang, nie ohne Hund gewesen ist, dann überlegt man sich wohl manchmal selber, welcher wohl der Beste, der Liebste war.

Diese Frage kann ich dir so nicht beantworten, denn alle, die mir je zur Seite gingen, sind mir zu ihren, leider immer viel zu kurzen Lebzeiten jeweils die Liebsten und Besten gewesen.

Heiß geliebt habe ich sie alle. Ohne diese bedingungslose, gegenseitige Zuneigung wäre für mich nie ein Zusammenleben möglich gewesen. Und diese Liebe hat mir jeder Hund, selbst, wenn es über seine Kräfte ging, immer zurückgegeben.

Wenn du nach dem oder der Besten fragst, so muss das auch immer nach den gebotenen Möglichkeiten beurteilt werden. Denn nur diese lassen die Erfahrung des Hundes und seine jagdlichen Eigenschaften und Fähigkeiten wachsen."

In der Zwischenzeit, während wir auf unsere, per Handy herbeigerufenen Helfer warteten, erzählte ich ihm die Geschichte einer besonderen Hündin, die mich einen langen, glücklichen Abschnitt meines Jägerlebens begleitet hatte.

Es war meine Cita. Sie war gewissermaßen mein Wunschkind. Ich bekam sie als Deck-Taxe für Birko, den Deutsch-Kurzhaar Rüden meines Bruders.

Ihr Stern strahlte in den Sechziger- und Siebzigerjahren, als es bei uns noch weniger großflächigen Maisanbau, dafür aber umso mehr Niederwild gab. Ihre Fähigkeiten konnten wachsen, da vor ihr im Laufe ihres Lebens eine hohe vierstellige Zahl an Wild erlegt wurde.

Dem jagdlichen Einsatz war natürlich eine gründliche Ausbildung vorangestellt. Die ersten Prüfungen, wie Derby, Verbandsjugendprüfung und Prinz Solms-Herbstzuchtprüfung bestand sie jeweils als Suchensiegerin mit ersten Preisen.

Gute Hunde waren und sind immer rar. So war es kein Wunder, dass ich zur Jagdzeit einen Terminkalender führen musste. Einer meiner Jagdherren, der ein riesiges Niederwild-Revier im wildreichen Erdinger Moos hatte, verpflichtete uns, jedes Wochenende mit seinen anderen Gästen, die keinen Hund führten, auf Rebhuhn, Fasan und Hase zu jagen. Es war regelrechte Erntearbeit. Durch diese reichliche Praxis konnte die junge Hündin bald einen Jagdverstand entwickeln, der so manchen der mitjagenden Gäste oftmals das Schießen vergessen ließ. Schon im zweiten Feld hatte sie es heraus, dass, wenn die Hühner schlecht hielten und zu früh aufstanden, sie dann selbständig, einen Bogen schlagend, vorausrannte und sich der davonlaufenden Kette vorlegte. Als sie dies das erste Mal machte und ich sie in meiner Unwissenheit zurückpfeifen wollte, ignorierte sie meinen Befehl. Da war sie gescheiter als ich, und ich war der Lernende.

Ihre Leistungen wurden natürlich von den diversen Jagdgästen weitererzählt und wir kamen auf diese Weise zu Einladungen in wahre Niederwildparadiese.

Einmal wäre eine solche Einladung auch beinahe die letzte in jenem Revier in der Münchner Kiesebene geworden. Der Jagdherr hatte meinen Bruder und mich in einen entlegenen Revierteil geschickt. Dort durften wir allein die zahlreichen Hühner bejagen. Er bat uns jedoch, einen bestimmten Winkel zu meiden, da dort sein bester Bock stünde. Der sollte ungestört bleiben. Nun, wir hielten uns auch daran, denn das Revier war groß genug. In jedem Kartoffel- und Rübenacker lag eine Kette. In einem Kartoffelfeld, weit ab von der Tabu-Zone, stand meine Braune bombenfest vor. Wir gingen langsam voran, um die Hühner hoch zu machen. Da schnellte, statt der Hühner, jener starke Rehbock aus dem Kraut, aber nicht von uns fort, sondern zurück und über die Hündin hinweg. Das war zu viel für sie. Regelrecht im Flug fasste sie den über sie Hinwegspringenden an der Drossel. Wir warfen unsere Flinten von uns, einer packte die Hündin, der andere, den, wie ersterbend klagenden Bock. Mit Mühe konnten wir dem Hund das Reh entwinden. Taumelnd wollte es das Weite suchen. Da kam mir die Cita wieder aus und nach ein paar Sprüngen hatte sie ihn wieder an der Drossel. Doch diesmal waren wir gewitzter und nach kurzem Gerangel war der starke Bock wieder frei, die Hündin am Riemen und die Jagd vorerst in diesem Gebiet vorbei.

Dem Jagdherrn haben wir nichts erzählt, er war zufrieden mit unserer Strecke: Von 10 bis 14 Uhr hatten wir zu zweit 71 Hühner erlegt. Den Bock hat er übrigens im Jahr darauf geschossen. Wir hatten aber das Gwichtl schon ein Jahr zuvor in Händen gehabt. Das haben wir jedoch verschwiegen.

In diesem Zusammenhang fällt mir eine nicht ganz „hasenreine" Geschichte ein, die mit der Arbeit der Cita keinen unmittelbaren Bezug hat.

In einem anderen Revier im Erdinger Moos, wo wir an den Herbst-Wochenenden regelrecht zum Jagen verpflichtet waren, jagten wir einmal mit den beiden Söhnen des Jagdherrn auf Rebhühner. Man hatte uns einen Jagdgast „aufs Auge gedrückt", einen Herrn Konsul eines Balkan-Staates. Den sollten wir reichlich zu Schuss bringen. Bei dem damaligen Hühner-Segen war das kein Problem. Es war ein strahlend schöner, heißer und trockener September-Tag. Es ging schon gegen Mittag, die Zunge klebte uns vor Durst am Gaumen. Zum Glück war wenigstens für die Hunde genug Wasser in den Kohlblättern der riesigen Weiß-krautköpfe. Da geschah es, dass der Herr Konsul in der „Hitze des Gefechts" meinem Bruder ein paar Streuschrote auf die Lederhose prasseln ließ. Das tat höllisch weh. Erbost stellte mein Bruder den erschrockenen Unglücksschützen:

„Mein Herr, im Ostblock mag ja ein Menschenleben wenig Bedeutung haben, aber ich liebe mein Leben, es ist mein einziges. Passen Sie in Zukunft besser auf!"

Das waren deutliche, im Zorn hervorgestoßene Worte. Der gemaßregelte Diplomat ließ sofort seinen Fahrer mit der Staats-karosse vorfahren und bat uns zerknirscht um Entschuldigung. Dann öffnete er den Kofferraum und bot uns einen Versöhnungs-schluck aus einer Dreiliterflasche mit Slibowitz an. Ausgetrocknet wie wir waren, tranken wir, auch um unseren Durst zu stillen, mit vollen Zügen. Nun, „Slibo" ist nicht unbedingt der richtige Durstlöscher.

Daraufhin empfahl sich der Herr Konsul. Wir jagten nun zu viert mit frischem Mut weiter. In einiger Entfernung sahen wir auf einem der Krautköpfe einen Sperber sitzen. Man hatte ja damals eine, heute glücklicherweise als falsch erkannte Auffassung von „Krummschnäbeln". Die Söhne des Jagdherrn, scharf hinter Raubwild und Raubzeug her, waren nun ganz wild darauf, diesen „bösen Niederwild-Feind" zur Strecke zu bringen. Damit er auch ganz sicher unseren Schroten zum Opfer fiele, sollten wir, wie ein Erschießungs-Kommando, mit angelegter Flinte auf den „argen Feind" zumarschierend, auf „drei" das Feuer eröffnen. Gesagt, getan. Auf Kommando rollte die Salve und der quergebänderte Vogel war bei seinen Ahnen. Doch als sich die brave Cita dann mit der „stolzen Beute" im Fang setzte, kam Ernüchterung, wie ein kalter Wasserguss, über uns. Es war, Diana verhülle dein Haupt!, ein Kuckuck.

Doch wir dürsteten nach weiteren Taten. Wir kamen auf eine Kette Hühner, die sonderbarerweise nicht in dem üblichen Tempo flog. Auch waren die Hühner relativ groß und kinderleicht zu treffen. Bei einer kurzen Rast kam dann die endgültige Klarheit über uns Übeltäter. Es waren lauter Jung-Fasanen. Jetzt war's aber wirklich genug des üblen Spiels. Die Herren Söhne baten uns inständig, wie ein ganzes Gräberfeld zu schweigen, denn sonst wäre es das „Aus" für diese Jagdsaison gewesen.

Das Fazit: Frei nach Wilhelm Busch: „Slibo zieret keinen Jüngling!" Wir waren alle noch unter zwanzig, das möge man uns zugute halten. Ich, für meinen Teil, habe seitdem während der Jagd keinen Alkohol mehr angerührt.

Weil wir gerade bei recht außergewöhnlichen Begebenheiten sind, so fällt mir ein Abend auf dem Schnepfenstrich im Salzkammergut ein. Cita saß brav, wie es sich gehört, mir zu Füßen, als ein quorrender Schnepf über den im Abendlicht liegenden Schlag strich. Auf den Schuss, genau „überkopf," fiel er, nicht ganz verendet, trudelnd, senkrecht auf uns herab. Cita brauchte sich nicht einmal zu erheben. Sie öffnete nur lässig den Fang und der Vogel fiel zielgenau hinein. Wer's nicht glaubt, der Berufsjäger Hannes Hornsteiner aus Weißenbach war mein fassungsloser Zeuge.

Die Vollgebrauchsprüfung VGP, das Hundeabitur, stand uns bei aller Praxis noch bevor. Das erforderte dann prüfungsgerechte Einarbeitung in Wasserarbeit, Schweißfährte und Fuchsschleppe. Letztere erwies sich als problematisch, denn durch die damals grassierende Tollwut kam man nur schwer an amtlich für seuchenfrei erklärte Schleppenfüchse. Ein Jagdfreund, der auch einen Hund zur VGP gemeldet hatte, überließ mir seinen tollwutfreien, mehrfach schon geschleppten und immer wieder eingefrorenen Fuchs.

Ich merkte gleich, das war nicht die große Leidenschaft meiner Cita. Doch mit liebevollem Druck und ständiger Übung schien mir bald auch dieses Fach für die Prüfung ausreichend geübt.

Es kam der Tag im Oktober, da die VGP stattfinden sollte.

Alle Teilnehmer trafen sich beim Hause des Jagdpächters, in dessen Revier alle Fächer geprüft werden sollten. Vor dem alten Bauernhause lagen auch schon die Schleppenfüchse. Auch diese stammten aus der Tiefkühltruhe und waren nimmer so ganz frisch.

„Klasse!" dachte ich, „da können wir eben noch schnell die Apportier-Übung wiederholen."

Doch auf den Befehl „Apport!" zwickte mein Hundemädchen die Rute ein und verweigerte.

„Na sauber, das geht ja gut los!" Also nahm ich sie an der Halsung, schüttelte sie und zischte ihr mit wütender Stimme ein befehlendes „Apport!" zu. Äußerst widerwillig fasste sie nun den Stinker, setzte sich, wie's sich gehört, und ich nahm ihn ihr erleichtert ab.

„Wie gut", dachte ich, „dass ich diese kritische Übung nochmals wiederholt habe."

Bald ging's los mit Formwert-Beurteilung, sie bekam ein V, und dann sollte als erstes Fach „Bringen von Fuchs über Hindernis" drankommen. Die Herren Richter standen noch, Notizen machend, beisammen, als ich dachte, wir seien schon dran. Ich warf den Fuchs über den Hindernis-Graben: „Apport!" Doch meine Cita zischte mit eingeklemmter Rute ab, zwischen Frauchens Beine.

„Au weh, jetzt können wir heimgehen!" war mein verzweifelter Gedanke. Doch die Richter hatten nichts bemerkt, denn wir waren ja noch gar nicht aufgerufen. Ich nahm mir meine Hündin zur Seite, redete ihr beruhigend zu, sie sei doch meine Beste und Bravste, sie solle mich doch nicht im Stich lassen. Und als wir dann dran waren, sprang sie über den Graben, packte voller Wut den Fuchs und brachte ihn, als wenn das schon immer ihre große Leidenschaft gewesen wäre.

„Puh!" Große Erleichterung.

Die nächsten Fächer in den kommenden zwei Tagen absolvierte sie mit Bravour und der jeweils höchsten Note. In Wasserarbeit bekam sie sogar eine 4h, weil sie der Ente immer wieder nachtauchte. Alle sahen uns als hohe Suchensieger-Favoriten, bis – ja, bis als letztes Fach die „Fuchsschleppe im Wald" drankam.

Bisher lag ein prachtvoller Rüde leistungsmäßig gleich, doch bei der Haarwildschleppe war für ihn die Suche zu Ende. Er hatte nämlich das Schleppen-Kaninchen, anstatt es zu bringen, „ratzfatz" aufgefressen. Die Frau des Führers weinte bittere Tränen: „I hob eahm doch no in da Fruah extra scheane Pfannakuacha bacha! Und jetzat des! Die Schand! O mei, o mei!"

Die Spannung war jetzt für uns ungeheuer, denn ich wusste, welch hohe Klippe das nun war, wenn sie außer meinem Einwirkungsbereich selbst entscheiden musste: „Bring' ich oder bring' ich lieber nicht."

Am „Anschuss" angesetzt, schnallte ich sie mit einem streng geknurrten „Apporrrrt!" und meine Braune verschwand lässig mit hoher Nase auf der Schlepp-Spur. Eine Arbeit mit tiefer Nase war für sie in diesem Fall nicht notwendig, denn die Füchse waren nach mehrmaligem Einfrieren und wieder Auftauen schon ein wenig flüssig geworden und verbreiteten eine „leckere" Witterung. Die Hündin drehte sich sogar nochmals nach mir um, so als ob sie sagen wollte: „Ist das wirklich dein Ernst, dass ich dir so was Verstunkenes bringen soll?"

Dann banges Schweigen, banges Warten. Doch bald sah ich im Unterholz des dunklen Waldes erst die helle Bauchseite des

Fuchses heranschweben, dann war meine Brave da, setzte sich, gab aus, und darauf sprang sie mir ins Gesicht und schleckte mir mit dem ganzen, grausig stinkenden Fuchs-Schleim über Mund und Nase.

Das sollte wohl heißen: „Schmeck du auch mal, was ich dir da bringen sollte!"

Ich musste schnellstens hinter den nächsten Baum springen und opferte meine Brotzeit. Jetzt konnte ich den Widerwillen meiner Cita noch besser verstehen. Nie zuvor und niemals hernach hat sie nach dem Bringen so etwas getan.

Die Richter lachten, teils über meine Reaktion, teils auch vor Mitfreude, denn wir zwei waren mit dieser tadellosen Leistung Suchensieger mit der höchsten erreichbaren Punktezahl geworden.

Am Abend, bei der Preisverleihung, war mein Hund der Star. Ich dagegen die Lachnummer, als einer aus der Korona meine Fuchs-Speiberei in aller Deutlichkeit, zum Ergötzen aller zum Besten gab. Doch diese Schadenfreude habe ich gerne und voller Stolz ausgehalten.

Da die Hündin nun in diesem Jahr die Höchstprämierte bayernweit war, kamen natürlich Welpenwünsche auf uns zu. Im Jahr darauf hatte sie einen Wurf von acht prachtvollen Welpen. Wir haben mit den sorgfältig ausgewählten Besitzern dann in unserem eigenen Revier bis zu den ersten Prüfungen Übungstage veranstaltet. Die Ergebnisse waren bis auf einen Hund mit seinem nervenschwachen Führer lauter erste Preise. Noch nach mehr als einem Jahrzehnt bekam ich Anfragen, ob nicht eine Nachzucht aus dieser erfolgreichen Paarung vorhanden wäre.

Doch ich züchtete nur einmal mit ihr, denn die Lady war keine gute Mutter. Cita war ein ausgesprochenes Party-Girl. Wenn wir im Garten grillten oder Gäste hatten, ließ sie die jammernden Welpen im Stich. Die Milch rann ihr aus dem Gesäuge, ihre Kinder waren ihr wurscht, sie wollte lieber bei uns Erwachsenen bleiben und mitfeiern. Mit Strenge mussten wir sie zu ihren Welpen schleppen, die dann gierig schmatzend an der Milch-Bar hingen. Dabei machte sie ein tödlich beleidigtes Gesicht: „Ihr habt mir ja diese Bagage aufgehängt!"

Sobald ein Fotoapparat auftauchte, stellte sie sich jedesmal in Positur, halt wie ein echtes Party-Girl.

Doch im Revier ging's andersrum. Als wir die Jagd übernommen hatten, gab es im Revier mehr verwilderte Katzen als Hasen. Die Bauern wussten überhaupt nicht, wie viele Maunzen um ihren Hof strabanzten. Bei Cita hatte keine eine Chance. Selbst ein angeschossener Fuchs wurde in voller Flucht eingeholt und von ihr im Nu abgetan.

Dagegen war sie der ideale Hund für unsere Kinder. Sie ließ sich gutmütig die tapsigen Zärtlichkeiten gefallen und stupste nur, wenn's allzu grob herging, die Kleinen mit der Nase weg. Als die Kinder dann größer wurden und manchen Unsinn anstellten, der eine Zurechtweisung erforderte, verzogen sie sich alle in die Tages-Hundehütte. Dort waren sie sicher, denn die Hündin ließ mit warnend hochgezogenen Lefzen niemand an die bei ihr Schutz Suchenden heran.

Als sie im vierten Feld stand, schlug der „Bayrische Kurzhaarklub" die Hündin für die „Internationale Kleemann-Ausleseprüfung" vor. Fleißig trainierten wir Feldmanieren für extrem weite, ebene Flächen. Sie ließ sich bald lässig mit nach links oder rechts geneigtem Kopf in die gewünschte Richtung dirigieren. Doch zwei Wochen vor der Prüfung stoppte ein Unfall unsere hochfliegenden Hoffnungen. In einem Neubaugebiet stürzte sie in einen acht Meter tiefen Kellerschacht. Ihren Sprung darüber hatte sie zu kurz angesetzt. Noch im Fallen schrie sie entsetzt auf. Als ich sie in der Tiefe verschwinden sah, gerann mir fast das Blut in den Adern. Doch sie hatte Glück im Unglück. Sie landete auf allen Vieren. Irgendwie gelang es mir, in den Schacht zu klettern. Die Hündin lebte noch. Schwer unter Schock raste ich mit ihr in die Tierklinik. Dort bestätigte mir die Röntgenaufnahme ein Wunder. Außer furchtbar verprellten Muskeln und einem aufgeschürften Kinn war ihr nichts geschehen. Doch bis sie wieder locker revieren konnte, vergingen einige Wochen. Aus der Traum vom Kurzhaar-Sieger-Titel.

Ihre große Leidenschaft war das Autofahren. Ging es doch immer irgendwohin, wo's interessant war. Ich war zu dieser Zeit ein manchmal etwas zu forscher Fahrer, der gerne „mit Musik" um die Kurven fuhr. Stets saß oder lag sie brav im Beifahrer-Fußraum. Aber eines Tages wurde ihr das Herumgeschleudert-werden dann doch zu viel. Sie sprang auf und biss mich sanft, aber sehr bestimmt in den Arm, als wollte sie sagen: „ Mein lieber Freund, so fährt man nicht!" Gut, auch ich war lernfähig.

Da wir so gut wie jede Stunde ihres Lebens zusammen waren, lernte sie natürlich bestens ihr Herrchen zu lesen. Hunde sind ja ohnedies die schärfsten Beobachter und da brauchte ich oft kein Wort zu reden, denn nur eine Geste, auch unbewusst ausgeführt, sagte ihr alles. Oftmals, wenn ich vom Geschäft mit dem festen Vorsatz heimkam, gleich anschließend ins Revier zu fahren, wich sie mir rutenwedelnd nicht mehr von der Seite, wenn ich mich umziehen ging. Ich hatte jedoch mit keinem Wort erwähnt, dass es jetzt zur Jagd hinaus ginge. Wenn ich an normalen, sprich jagdlosen Tagen heimkam, da ging keine Cita mit mir zum Umziehen. Da sagten meine Gesten der scharfen Beobachterin: „Blöder Tag, heute nix los!" Nur durch intensives Zusammen-leben lernen beide Partner voneinander. Der Hund liest mich und ich verstehe ihn auch ohne Worte. Ein Zwingertier kann niemals diese „höheren Weihen" erlangen. Gewisse Dinge konnte ich mit meiner Frau nur in Englisch oder Italienisch bereden. Wenn nämlich in unseren Plänen das Wort „fort", oder „los" vorkam, war sie sofort aus tiefem Schlummer erwacht und bereit zu neuen Taten.

Ihre Vielseitigkeit bewies sie bei Treibjagden stets aufs Neue. Im Herbst kamen oft Einladungen mit dem Text: „Dein Hund ist herzlich zur Treibjagd bei uns eingeladen. Wenn Du Lust hast, kannst Du auch mitkommen!"

Dabei zeigte sie absolute Bogenreinheit. Rehe hetzte sie lauthals bis zur Schützenlinie und machte sofort kehrt beim Anblick eines vorstehenden Jägers. Sie blieb so lange im Treiben, bis es wirklich leer war. Manchmal, wenn sie meiner Meinung nach allzubald zu mir zurückkam, schickte ich sie mit strengen Worten wieder ins Treiben. Da sie es besser wusste, dass nichts mehr drin war, setzte sie sich, Treiber haben's beobachtet, außer meiner Sicht nieder, bis abgeblasen wurde.

Bei manchen Treiben saß sie frei abgelegt neben mir. Wenn dann Rehe oft ganz nah an uns vorbeiflüchteten, schaute sie gelangweilt in eine andere Richtung, als wollte sie sagen: „Heute seid ihr nicht dran, ihr interessiert mich nicht!"

Streit mit anderen Hunden beim Bringen gab's bei ihr nicht. Wer zuerst am Wild war, dem gehörte es auch. Anders war's natürlich, wenn sie bei einem Stück Schalenwild abgelegt war. Das war dann bei ihr sicher wie bei einer Tigerin.

Nur einmal gab's eine böse Rauferei, als sie betrunken war. Ja. Sie haben richtig gelesen. Sie war einmal betrunken. Nach einer Treibjagd bei einem lieben Freund geschah es. Wir Jagdgäste waren am Abend in seinem neuen Bräustüberl zu dessen Einweihung beisammen. In dem stilvoll renovierten alten Gewölbe mit herrlichem Hirnholz-Pflaster-Boden hatte der Jagdherr das von ihm gebraute Bier im Holzfaß aufgestellt. Darunter befand sich eine Holzwanne zum Auffangen des Tropfbieres. Zum Essen gab es knusprig gegrillte Kalbshaxen. Die Hunde lagen bereits gesättigt zu Füßen ihrer Herren. Irgendjemand kam auf die Idee, den Hunden die salzigen Knochen zum Abnagen hinzulegen. Ich konnte diese Unsitte nicht verhindern, als ich meine Cita nagen sah, war es dazu schon zu spät. Durch angeregte Unterhaltung, wie das nach der Jagd so üblich ist, abgelenkt, bemerkte ich auch nicht, dass meine Braune und ihre Freundin Gitta, eine Große Münsterländerin, vor lauter Durst das reichliche Tropfbier aus der Holzwanne in sich hineinschlabberten. Diese beiden Hündinnen kannten sich lange und vertrugen sich bestens. Jetzt, durch ihre Bier-Sauferei plötzlich agressiv geworden, fielen sie übereinander her. Es ging um einen abgenagten Knochen, an dem längst nichts mehr dran war. Ich sehe noch den weißen Fang der Gitta, auf dem nun lauter rote Punkte eingestanzt waren, wo die Cita sie erwischt hatte. Die beiden „Sauf-Amseln" kamen jetzt an die Leine.

Weil wir schon g'rad beim Bier sind: In der jagdlosen Zeit will der Hund ja auch weiter beschäftigt werden. Da machte ich mir den Spaß und brachte ihr ein kleines Kunststückl bei. Ich ließ sie auf das Kommando: „Geh' Bier holen!" die vorher an der Keller-treppe hingelegten Bierflaschen bringen. Das hatte sie schnell begriffen, zumal es jedesmal eine Belohnung gab.

Eines Tages machten meine österreichischen Jagdfreunde auf der Durchreise bei mir Halt. Vorsorglich legte ich für die durstigen Jägerkehlen schon mal eine Batterie Flaschen an der Treppe bereit. Als die Freunde es sich bequem gemacht hatten, fragte ich: „Wie schaut's aus, mögt's ihr ein Bier?"

Begeistertes Bejahen.

Dann an meinen Hund gewandt: „Cita, geh' Bier holen!"

Ungläubiges Staunen. „Jetzt spinnt er!"

Doch das „Hallo" kannte keine Grenzen, als die Hündin mit einer Flasche nach der anderen erschien. Und weil sie merkte, diese Nummer kommt toll an, brachte sie nacheinander den gesamten Vorrat.

An einem Tage Mitte März, es war zufällig ihr zehnter Geburts-tag, waren wir im Revier unterwegs. Wir standen in der Nähe eines kleinen Gehölzes, als ein Sprung Rehe, durch irgendeine Störung aufgeschreckt, an uns vorbeiflüchtete. Interessiert schaute ich mir den Bock an. Sein frisch verfegtes Gehörn war schweißig rot. Plötzlich fegte die Hündin wie der Satan hinter den Rehen her. Alles Pfeifen nützte nichts. Ich war völlig perplex. Die Verlässliche, die nie ein gesundes Reh gehetzt hatte, teufelte jetzt den Sprung „durch Sonne, Mond und Sterne." Nach langer Zeit kam sie völlig ausgepumpt zurück. Wortlos nahm ich sie an die Leine. Was hatte sie zu dieser Hatz bewogen? Doch da fiel mir das schweißige Gehörn des Bockes ein. Dessen Witterung, „der ist krank", war ihr das Signal zum Eingreifen.

Da sich meine Brave nun langsam trotz aller Fitness dem Alter näherte, in dem sie mehr Schonung verdient, glaubte ich, mich um eine Nachfolgerin kümmern zu müssen. Als sie im zwölften Feld war, hatte ich mir einen Welpen aus einer bewährten Linie vom Oberrhein geholt. Die kleine Bianca wurde anfangs, weil sie noch ein Welpe war, freundlich toleriert. Doch je älter sie wurde, umso mehr zog sich die Cita zurück, scherzte auch nicht mehr mit dem Junghund und kündigte mir regelrecht den Dienst. Sie spielte nicht mehr mit. Ich schrieb das alles ihrem Alter zu.

Die Bianca jedoch ließ sich mit ihren Leistungen fantastisch an. Aber eines Tages fing sie, was mir bei Hündinnen noch nie passiert war, zu streunen an. Nie wollte ich einen Zwinger-Hund haben, doch leider musste ich für sie einen zweieinhalb Meter hohen Zwinger bauen. Alle niederen Zäune überkletterte sie. Immer wieder brachten andere Jäger oder die Polizei die ausgebüxte Streunerin zurück. Dann wurde sie krank. Bekam Maulfäule. In der Münchner Uni-Tierklinik konnte man sie nicht heilen. Man vermutete ein psychisches Problem.

Da entschloss ich mich, sie wegzugeben. Das hatte ich noch keinem Hund antun müssen. Trotz ihrer besten Prüfungen war ich dennoch ohne brauchbaren Hund.

Ein Jagdfreund, von dem ich wußte, dass sie es gut bei ihm haben würde, dem gab ich sie. Er war sich aller ihrer Probleme bewusst und bereit, sie zu lösen.

Und das Wunder, oder besser zwei Wunder geschahen. Bianca wurde innerhalb von vierzehn Tagen gesund. Sie streunte nie mehr. Sie lag bei offener Gartentüre in seinem Hof und ging keinen einzigen Schritt vom Grundstück.

Und meine Cita? Am darauf folgenden Wochenende war sie wieder mit auf der Jagd. Da zeigte sie eine Brillanz-Leistung, dass ein mitjagender, erfahrener Rüdemann nur noch bewundernd den Kopf schütteln konnte. Wir jagten an einem deckungsreichen Flusslauf auf Fasanen. Ich wollte sie unter der Flinte vor uns her suchen lassen. Doch die Hündin wusste es besser. Sie lief im Bogen weit, weit voraus und drückte dann langsam auf uns her die Deckung durch. Unbeirrt durch die fallenden Schüsse brachte sie in aller Ruhe einen Gockel nach dem anderen vor unsere Flinten.

Da hatte sie es mir wieder einmal gezeigt: „Du brauchst keinen anderen Hund!" Von dem Tag an war sie wieder ganz die alte.

Es waren halt beides absolute Solo-Hündinnen, jede wollte ihren Herren für sich alleine haben.

Die große, immer wiederkehrende Tragik ist das immer viel zu kurze Leben unserer besten Freunde. Mit nur halbem Herzen habe ich sie nie lieben können. Die Höhenflüge der glücklichen Zweisamkeit musste ich stets mit einem Absturz in tiefste Trauer bezahlen. Doch die Zeit des Beieinanderseins war glücklicherweise von längerer Dauer.

Unsere Rast in geruhsamer Rückschau war zu Ende. Schon hörten wir unsere Helfer mit dem Geländewagen heranbrummen. Der Keiler, bald versorgt mit letztem Bissen, der Hund mit stolzem Bruch an der Halsung, so saßen wir zufrieden auf dem Anhänger.

Da läutete mein Handy. Ein Verkehrsunfall. Ein Reh war nach einem Zusammenstoß mit einem Auto offenbar krank in den angrenzenden Wald geflüchtet.

Auf ein Neues!

Eine Kohlgais

Zum Spielhahnjagern war ich in den Lungau gefahren. Der Tauernpass war frei, meterhohe Schneewände begrenzten noch auf der Passhöhe die alte Bergstraße. Drunten bei Mauterndorf und weiter dann bei Maria Pfarr waren die Wiesen schon gelb vom Löwenzahn.

Bei einem alten Jäger, den man man hier nur den „Roda-Vota", also den Rader-Vater nannte, sollte ich mich einfinden. Wohnen tat er in einem kleinen Sachl, genannt beim „Mox", was „beim Max" heißt.

Ein liebenswerter, ein wenig altersgebeugter, wind- und wettergegerbter, zäher Bergler blitzte mich mit wasserhellen, aber wachsamen, freundlichen Jägeraugen an. Wir mochten und verstanden uns gleich beim ersten Mal. An seinem schnauzbärtigen Munde hing eine lange Pfeife, sein „Tschibuk". Ohne die konnte er nicht sein.

Bald war er bereit für die Bergfahrt und wir starteten los in das vorfrühlingshafte Hochtal, um auf seiner Hütte, dem „Mox'n Hüttl", zu übernachten. Am Talgrund blühten die Soldanellen, Mehlprimeln und die leuchtend blauen Augen der Schusternagerln. Der Seidelbast am Saum des Baches, in dem die Schmelzwasser eilig zu Tal strömten, sandte betäubend süße Düfte. Über Schneereste stapfend, waren wir nach einstündigem Aufstieg am kleinen, mit Lärchenschindeln verkleideten Jagdhütterl angelangt. Etwas schief hing es am Steilhang. In einem allzu nassen Sommer war es ein wenig talwärts gerutscht und in mühevoller Arbeit vor weiterer Talfahrt abgefangen worden. Jetzt war innen alles eine schiefe Ebene. Man durfte halt die Becher nicht randvoll schenken. Aber das ist ja eh nicht fein.

Nachdem wir eingeheizt, den Winter aus der Stube vertrieben, die toten Fliegen hinausgekehrt und die muffelnden, wollenen Zudecken an die Luft gehängt hatten, setzten wir uns draußen auf die ebenfalls schiefe Balustrade. Wir spekulierten zum Gegenhang hinüber, wo morgen Früh, oder besser heut' Nacht unser Aufstieg zum Hahnenplatz führen sollte.

Dabei kam mir ein Scharl Gams in die Linsen. Struppig, im beginnenden Haarwechsel, einige Gaisen hochträchtig, zog das kleine Rudel, eifrig äsend, auf einen falben Lahnergrashang.

Da sah ich sie.

„Schau!" sagte ich, „eine Kohlgais!"

„Jo, jo, i kenn's eh, amoi hot's a Kitz, anders Johr kaans, is eh an olte Schochtl."

Und der Alte erzählte mir, dass sich schon viele auf die Hochkruckige, die nicht die gamstypischen weißen Zügel trug, versucht hätten. Immer wenn die Jagdzeit kam, war sie entweder einzelgängerisch verschwunden oder führte ein starkes und gesundes Kitz.

Jetzt hatte ich den Haken geschluckt. Im Herbst, da wollte ich auf jeden Fall wieder hier sein. Das Revier mit seiner wilden Schönheit hatte es mir angetan. Die schroffen Berghänge waren eine echte Herausforderung, gerade recht für junges, heißes Jägerblut. Der größte Teil des Reviers war nicht zu bejagen, es war einfach zu steil.

Lange schauten wir dem Scharwild und dem Kreisen eines Adlerpaars zu. Der Gesprächsstoff ging uns nicht aus.

In stockfinsterer Nacht machten wir uns auf den zweistündigen Weg zum Balzplatz. Der „Roda-Vota" hatte eine kleine, zusammenklappbare Laterne angezündet. Wie ein Wichtelmann im Märchen schritt er bedächtig mit seinem flackernden Kerzenlicht voraus. Dabei umwehten mich die Knaster-Wolken seines „Tschibuks". Wie man so steigen und zugleich rauchen kann?

Droben angekommen, schlüpften wir in einen kleinen Schirm aus Latschenästen, den der Brave nach dem Verlosen zusammengesteckt hatte.

Langsam graute der Morgen, vom Gesang des Rotkehlchens begrüßt. Und kaum war das erste Schusslicht heraufgedämmert, fiel uns gegenüber jenseits eines steilen Grabens der Hahn auf einer Schneegwahn ein. Er balzte allein da drüben, er schien mir unglaublich stark. Nur so, um zu prüfen, ob das Licht schon langen würde, schob ich meine Büchsflinte durch das deckende Latschengezweig. Es war weit dort hinüber, ich würde die Vollmantelkugel nehmen. Der „Roda" sah, dass ich Ernst machen wollte.

„Neet, Bua, es is no z'nocht!" wollte er mich aufhalten.

Doch das Fadenkreuz stand ruhig auf dem Hahn, ich hatte Angst, dass er wieder wegstreicht, und bevor mich das Fieber packte und damit die Ruhe dahin wäre, krümmte ich den Finger auf das eingetupfte Züngl. Rot fuhr der Mündungsblitz hinaus.

Sein Sang war aus. Erloschen rollte er ein kleines Stück bergab, blieb mit gespreizter Schar liegen. Langsam faltete sich der leierförmige Fächer zusammen.

Erst überrascht, doch dann glücklich, strahlte der Alte mich an: „Waidmannsheil, Bua, i woa a moi jung und genau so ungeduidig!"

Den Hahn ging ich allein holen, über den „schiachen" Graben hinweg. Die Freude sprengte fast meine Brust. Mein erster Hahn, und dann noch einer, ich zählte: mit zwei, drei, nein, vier breiten Krummen beiderseits. Stolz hob ich den Stahlblauen in die Höhe, und mein lieber, alter Freund winkte freudig herüber.

Als ich wieder bei ihm drüben war, band ich ihm den Spielhahn auf den Rucksack. Er sollte vor mir gehen, ich wollte mich bei jedem Schritt am Anblick meiner Beute erfreuen.

Wieder auf der Hütte zurück, fing der „Roda-Vota" an zu jammern:

„Mein Tschibuk, i hob mein Tschibuk valorn!"

O Unglück! Ich versprach, gleich nach dem Frühstück nochmals zum Schirm hinauf zu springen und danach zu schauen. Doch alles Suchen war umsonst. Der heißgeliebte Tschibuk blieb den Berggeistern überlassen. Doch die wird's schön gegraust haben, denn ich hatte den Alten im Verdacht, dass er seinen Tabak auch mit kleingeschnittenen Fingernägeln würzt.

Wieder zurück, tröstete ich ihn. Ich würde nach Tamsweg fahren und ihm einen neuen, schönen, langen Tschibuk mit Rosenholzstiel kaufen. Da strahlte das liebe, faltige Gesicht des alten Mandls, dass mir's ganz warm ums Herz wurde.

Schon im Sommer war ich wieder im Tal. Die Kohlgais war mir ins Blut gefahren. So etwas Rares, das reizte mich, zumal sie auch noch endshohe Krucken zeigte. Leicht eineinhalb Handbreit über die spitzigen Luser. Das war schon was! Die wollte ich haben! Doch alles Pirschen, alles Schauen, Steigen und Hocken war umsonst. Was heißt umsonst? Im Berg ist keine Stunde umsonst. Reich beschenkt kehrte ich jedes Mal zurück. Diesmal trug ich sogar einen abnormen Gamsbock vom Berg. Ein Schlauch war in der Mitte abgeschlagen, der Stumpf war überwallt und nach vorne gewachsen.

Da ich mich noch nicht so gut mit Weg und Steg in dem weiten Bergrevier auskannte, der liebe Roda auch nicht so brennend gerne bis in die Kare hinauf wollte, empfahl der Jagdherr mir einen ganz besonderen Begleiter. Einen amtsbekannten Wilderer. Den „Fredl".

Der lief frei herum, trotz seiner bekannten schwarzen Schleichgänge, trotz seiner Fahrten ohne Führerschein. Seine Freiheitsgarantie: 16, in Worten: sechzehn unmündige Kinder. Wie die Orgelpfeifen standen sie da, als ich ihn aufsuchte. Das heißt, die neugeborenen Zwillinge lagen noch in der Wiege. Man konnte ihn nicht einsperren. Wer hätte die Kinder erhalten sollen? Der Staat? Das war zu teuer. Billiger war's, man drückte alle juristischen Augen zu und ließ ihn springen. Solange weiter nichts Ärgeres passierte. Er kannte sich in dem Hochtal und seinen begrenzenden Bergen, die bis auf knapp dreitausend hinaufgingen, besser aus als jeder andere. Wenn im Spätherbst die Bauern ihre verwilderten Schafe nicht zu Tal bringen konnten, wenn alle Salz-Lockungen umsonst waren, dann holte man den

Fredl, den dort so genannten „Widerer". Der Mann hatte Herz und Lungen wie zwei Gamsböck'. Der rannte den Schafen nach, bis sie kollabierten. Dann trug er sie auf dem Buckel ins Tal und holte sich seinen Lohn.

Liebend gern ging er jedesmal mit mir und ich lernte, was Bergjagern heißt. Allerdings beim Steigen musste er einen Gang zurückschalten, sonst wär's mir bald so ergangen wie den Schafen.

Einmal, im Winter, hatten wir ganz hinten im Tal zuhöchst droben einen Gams geschossen. Es hatte schon reichlich Schnee, und ich war von Herzen froh, endlich wieder unten im Tal zu sein. Da bemerkte er, dass er seine Fäustl droben beim Aufbrechen hatte liegenlassen. Er wollte wieder hinauf.

„Geh', Fredl," sagte ich, „lass sie liegen, ich kauf' dir neue! Und schau, es wird auch schon Nacht!"

Das alles konnte ihn nicht halten. Ich blieb zurück mit dem Gams am Strick, während er den weiten, beschwerlichen Weg hinauf unter seine langen Haxen nahm. Wir hatten dafür beim Hinweg gut eineinhalb Stunden gebraucht. Doch er holte mich, der ich schon vorausgegangen war, nach einer Dreiviertelstunde wieder ein und war gar nicht recht außer Atem.

Bis ich die Berge dort mit ihren Steigen, Wechseln und vor allem den besonderen Windverhältnissen einigermaßen kannte, machten wir zusammen noch manch spannungs- und lehrreichen Gang. Es war etwas anderes, mit einem so ungewöhnlichen Begleiter zu gehen und zu jagen, denn ein Jäger von hohem Können, das war der Fredl, wenn auch ohne „Zertifikat". Er war halt einer, der für die Küche und für seine Leidenschaft jagte. Anders als unsereiner, der nach anderen Gesichtspunkten und Gesetzen jagt. Oft konnte er es nicht verstehen, wenn ich nicht schoss, wenn doch das Stückl so leicht „zum Haben" gewesen wäre.

Doch auch unter seiner Führung sah ich im Jahr meines ersten Spielhahns die Kohlgais nicht wieder.

Im Jahr darauf hatte ich mir einen kleinen Anteil an Gamsab-schüssen in dem mir ans Herz gewachsenen Tal gesichert. Im Sommer und Herbst konnte ich im schrägen „Mox'n Hüttl" bleiben, doch im Winter war's dort droben kein Hausen mehr. Dafür gab's zum Glück am Ortsende eine kleine, saubere Bergwirtschaft mit ein paar bescheidenen Zimmern. Bald war ich als Stammgast ein wenig dem Hause zugehörig und auch würdig, zum auserwählten Kreise der Träger von „Senta-Socken" zu zählen. Senta, das war der Wolfsspitz der Wirtsleute. Die Hündin wurde regelmäßig von der Wirtin ausgekämmt und von der Wolle entstanden dann die wunderbar weichen und warmen „Senta-Socken". Bei allen Vorzügen hatten sie nur einen Nachteil: Wenn man sie trug und in die Nähe eines Rüden kam, lief man Gefahr, nasse Füße zu bekommen. Ansonsten war man bei Hündinnen ein hochinteressanter Anlauf- und Anschnupperpunkt. Meine Hunde, es waren stets Hündinnen, fanden meinen „Aufzug" höchst gewöhnungsbedürftig.

Irgendwann stand die unsichtbar gewordene Schwarzgrindige nicht mehr im Brennpunkt meines Interesses. Es hatten sich zu viele neue, reizvolle Möglichkeiten aufgetan. Bis mir eines Tages der Fredl meldete, droben am „Blopperling" hätte er sie gesehen. Der Blopperling, in der Landkarte steht schön schriftdeutsch „Blaberling", ist ein hochgelegener Bergkessel im Durchmesser von etwa 300 m.

Begrenzt wird er von steilen Felswänden, die bis fast auf 2.800 m hinaufragen. Dort hinauf führt ein bequemer, breiter Steig. Wie ich in einem alten Jagdbuch gelesen hatte, hatte ihn Anfang des vorigen Jahrhunderts der damalige Jagdpächter, ein Graf Pàlffy, für seinen indischen Jagdfreund, einen Maharadscha, anlegen lassen. Dieser musste auf einem Maultier zu seinem Lieblingsstand beim Gamsriegeln dort hinaufgeschafft werden.

Dieser Blopperling, bleiben wir bei diesem schöneren Namen, war beim Wild höchst beliebt. Es gab dort eine saftige, reichliche Äsung. Das lag sicher auch daran, dass die von den umliegenden Felswänden herabrinnenden Wasser den Pflanzen dieser kleinen

Hochebene besonders gut tat. Ansonsten gab es hier wenig Wasser, nur auf dem Talgrund einen Bach. Kein noch so kleines anderes Rinnsal plätscherte nach der Schneeschmelze zu Tal. Alle Feuchtigkeit verrann in der Tiefe des Gesteins.

Doch dieser Hochkessel hatte aber so seine „Läus". Der Wind kesselte dort unberechenbar. Wenn man vom Gegenhang drüben Gams ausmachte, sich dann vorsichtig aufsteigend endlich bis zum Einblick in den Boden angepirscht hatte, war die Bühne meist leer. Selten klappte es, eigentlich nur weil dann der Wind besonders kräftig bergab blies.

Es war nach Mitte August, als ich wieder im Tal war und der Fredl mir die elektrisierende Kunde brachte: Die Kohlgais steht da droben. Jetzt, am Spätnachmittag, war die Zeit zu kurz, um noch einen Pirschgang dort hinauf zu unternehmen. Auch ging ein „pfludriger" Wind, der alles verderben könnte. So richteten wir uns, meine Frau war mit dabei, gemütlich auf dem „Mox'n Hüttl" ein. Am nächsten Morgen wollten wir, solange der Wind bergab ging, schon droben sein. In der Nacht fauchte und tobte ein Sturm mit prasselnden Regengüssen um die Hütte, rüttelte an den Fensterläden, der Donner grollte und rumpelte. Nach Mitternacht schienen die Wassermassen zu versiegen, nach dem Regenrauschen war tiefe Stille eingekehrt.

Als wir am Morgen die Türe öffneten, blendete weiße Helle unsere ungläubigen Augen. Dick verschneit bot sich die Bergwelt dar. Der Regen war in Schnee übergegangen. Damit hatten wir nicht gerechnet. Dabei ist so ein Wettersturz in den Bergen zur Sommerszeit nichts Außergewöhnliches. Nur hatten wir, fesch wie wir waren, Bundlederhosen an. Schönwetterhosen. Wir mussten, um auf den Steig zum Blopperling zu kommen, erst einmal den Hang etwa achthundert Meter weit queren. Das ging nur durch hüfthohe, schneebepackte Almrosensträucher und Latschen. Der nasse, jetzt bereits wieder tauende Schnee, tränkte die feschen Lederhosen, Strümpfe und Bergschuhe. Solange wir stiegen, war es ja ganz nett kühlend. Aber eine nasse Lederhose ist schon eine besonders ekelhafte, kalte Packung. Droben auf der

Höhe angelangt, suchten wir erst einmal zum Spekulieren Deckung hinter einem großen Felsbrocken.

Kalt und stetig blies der Bergwind von den Graten. Alle Gams lagen niedergetan. Die Gesuchte blieb gleich vielen anderen hinter Felstrümmern verborgen. Wir waren bis unter die Achseln nass. Die Gams ließen sich Zeit. Kein Einziges erhob sich, gemächlich wurde wiedergekäut. Der Wind pfiff schneidend kalt. Wir fingen an zu schlottern. Bald war keine normale Unterhaltung mehr möglich, unsere Zähne schnatterten um die Wette. An ein ruhiges Zielen, geschweige Schießen, war nicht mehr zu denken. Mich beutelte es wie einen „nackerten Schullehrer". Nicht minder ging es meinem jungen Weib, und – „so verzichteten wir weise auf den weiteren Teil der Reise".

Wieder auf der Hütte, tropften bald die Lederhosen zischend, „wohlriechend" auf den zum Glühen gebrachten Ofen. Doch eine Lederne braucht elend lang, bis sie trocken ist. Und wenn sie zu schnell trocknet, kann's sein, dass sie auf Kindergröße geschrumpft ist. Also war's erst mal vorbei mit dem Gamsjagern.

Wir hatten jedoch durch den reichlichen Schneefall wieder Wasser in unserem kleinen Hüttenquell, was im Sommer höchst selten vorkommt. Für jeden Krug oder Eimer Wasser musste man 200 Höhenmeter ins Tal absteigen, um aus dem Bach das gute Nass zu holen.

Als ich einmal im Herbst, er war ungewöhlich heiß und trocken, mit meiner Frau einen ganztägigen Pirschgang gemacht hatte und wir, ausgedörrt und fix und fertig, am Abend wieder im Hüttl saßen, wollte keiner mehr absteigen, um Wasser zu holen. So haben wir dann unseren Durst mit einem Doppelliter Frascati gestillt. Das ist uns gar nicht gut bekommen. Denn wir hatten uns für alle Herrgottsfrühe den Fredl bestellt, der uns einen besonderen bergjagerischen Leckerbissen bereiten wollte. Es ging nämlich über den „Wöidschwaaf", den „Welt-Schweif" hinauf.

Das war ein affensteiler Lawinenhang mit rutschigem Lahner- gras. Und lang war er auch, der Schweif dieser schönen Welt. Bald hing uns die Lunge heraus, der Schädel pochte und brummte vom Frascati. Doch droben, nach zwei Stunden Schinderei, waren wir gesund, nüchtern und wieder total fit. „Entfrascatisiert".

Aber nun wieder zurück zur Kohlgais und ihrem bevorzugten Einstand, dem Blopperling. Wir hatten zu viele Probleme mit dem Wind. Auch wenn er bergab zog, gelangte immer wieder eine kleine Prise in den Kessel und machte ihn wildleer. Meine Überlegung war nun, wie wäre es, wenn wir von oben her, von den Graten her hineinblicken könnten?

Es gab nur eine Möglichkeit. Man musste wegen der auf dem Hinweg dazwischen liegenden Steilwände oberhalb dieser fast unterhalb der Hochgrate zum oberen Rand des Hochkessels aufsteigen. Es galt nur, eine 30 m breite, ziemlich steile Schotterrinne zu überwinden. Weil man auf dem Steingries, stets wie auf Skiern rutschend, gen Talboden abfuhr, musste der Einstieg in das Kar weit oben angesetzt werden, damit man auch an dem gegenüberliegenden, tiefer liegenden Zielpunkt ankam. Das war jedes Mal eine ziemlich kitzlige Tour.

Mein Hund, die Cita, sie war im Sommer immer mit dabei, liebte diese Überquerung gar nicht. Ansonsten war die Deutsch-Kurzhaar Hündin eine gute und besonnene Kletterin. Wir hatten nur beim Passieren des Talbodens Probleme mit dem Jungvieh. Sobald dieses des Hundes ansichtig wurde, ging es mit hochgestellten Schwänzen zum Angriff über. Da legte ich die Hündin vor dem ersten Viehgatter ab. Wenn ich durch die Herde durch war und jenseits des nächsten Zauns stand, pfiff ich. Wie eine Kanonenkugel sauste sie durch die überrascht glotzende Schar des Jungviehs. Bis das begriff, dass dies wieder der böse Feind war, hatte die Hündin längst die rettende Gegenseite erreicht.

Nun gut, wir mussten die Schotterriese überwinden, dann war es nur noch ein kurzes Stück Weges bis zum Einblick in den Kessel. Aber dann war die Gesuchte erst nicht unter den zahlreichen Gams zu finden.

Es war wie verhext.

Bis an einem schönen Spätherbsttag alle Chancen auf meiner Seite waren. Es hatte schon „a kloans Schneeberl g'schneibt", wie es im Volkslied heißt. Ein Jagdfreund war mit mir, der auch ein Gams erlegen wollte. Da sahen wir, als wir noch brotzeitend eine Rast eingelegt hatten, ein großes Scharl Gams am Gegenhang.

Wer darf gehen, um sie anzupirschen? Wer sollte schießen dürfen? Wir zogen mit zwei Grashalmen das Los. Ich gewann. Es galt, ungesehen den Talboden zu überqueren, um dann in der Überriegelung die Gams anzugehen. Es lag nur eine kurze Strecke dazwischen, an der einen das Wild eräugen konnte. Das war das einzige Problem. War man drüber, so hatte man gewonnen. Aber erst einmal das Spektiv heraus und geschaut, wer und was da alles drüben stand.

Es traf mich wie ein elektrischer Schlag: Die Kohlgais!

Sie stand ein wenig abseits. Lange hatte ich sie in den Linsen. In der Figur ein wenig senkrückig, und der Träger war greisenhaft schmal geworden. Das Haar war noch braun durchsetzt und nicht so winterlich schwarz wie das ihrer Genossinen. Sie mochte die Hälfte ihres zweiten Jahrzehnts gut und gern überschritten haben.

„Wo ist das Kitz?"

Bei noch so sorgfältigem Schauen, da waren zwar Kitze, doch die standen jeweils bei ihren Müttern.

Bevor ich mich aufmachte, sagte ich dem Freund: „Pass auf, wenn ich unbemerkt drüben in Deckung bin, dann winke ich dir. Dann komm' vorsichtig nach! Vielleicht hast du auch noch eine Chance auf ein anderes Gams."

Er wünschte Waidmannsheil.

Und wir hatten Glück. Nicht nur ich kam ungesehen in der Überriegelung an, sondern auch der nachfolgende Freund. Dann machten wir Folgendes aus:

„Wenn ich schussbereit bin auf die Kohlgais und du auch auf dein ausgewähltes Stück, schießen wir auf Kommando!"

Der Freund suchte und fand eine andere nicht führende Gais. Doch immer, wenn ich fertig war, auf die etwa achtzig Meter weit Stehende, ging es bei ihm nicht. Es war zum Verrücktwerden. Jetzt war er bereit, seine Erwählte stand frei. Halt, bei mir ging's wieder nicht. Plötzlich knallte es bei ihm. Irgendwie musste er mich falsch verstanden haben, und im Glauben, ich hätte das Kommando gegeben, ließ er fliegen.

Im Schall und rollenden Widerhall des Schusses flüchteten alle Gams samt der beschossenen Gais in wilder Flucht bergauf, fort über Felsbänder und steile Abstürze.

Tiefe Enttäuschung ergriff mich. So nah am Ziel. Nur ein Tupf auf den gestochenen Abzug und die Ersehnte, lang Gejagte, wäre mein gewesen. Aus und vorbei!

Jetzt wollten wir uns seinen Anschuss anschauen. Tatsächlich, Schweiß, viel Schweiß. Also nahmen wir nach einer guten Wartestunde die Fährte auf. Erst ging es ganz gut voran. Doch bald mussten wir, um eine Felsstufe zu überwinden, eine steile Eisrinne durchsteigen. Umgehen ließ sich diese Partie nicht. Also schnallte ich mir meine neunzackigen Steigeisen an. Das heißt, nur eines, denn der Freund war ohne Eisen unterwegs. Also bekam er mein zweites. Jeder stieg nun mit nur einem eisenbewehrten Fuß in die blaue Eisrinne ein. Als wir in etwa sechs Meter Höhe waren, fing mein nicht schwindelfreier Begleiter laut zu beten an.

Jeden Hilferuf an seine Schutzheiligen bejammerte er mit dem Zusatz: „Was muss ich auch hier verbrochen haben!"

Glücklich und heil auf dem oberen Absatz angelangt, sahen wir, dass eine weitere Folge unmöglich war. Es war hier einfach zu steil, um ohne Seil und Haken der Fährte folgen zu können.

Es blieb uns nichts anderes übrig, als wieder vorsichtig abzusteigen, um vom Gegenhang zu schauen, ob die eventuell Verendete irgendwo auszumachen war. Es ging mir nicht in den Kopf, dass wir das angeschweißte Stück aufgeben mussten.

Ich wollte es nicht so machen, wie es einem Freund in Ungarn erging, als er einen Hirsch krank geschossen hatte. Da kein Hund zur Verfügung stand, tröstete ihn der Berufsjäger: „Nix Problema, bittä warten, bis großes, schwarzes Voggel kommt. Dann leicht finden!"

So mochten wir nicht jagen. Wir stiegen etwas höher hinauf, um einen besseren Überblick zu bekommen. Wegen des Schnees konnten wir immer wieder die Fluchtfährten des Gamsrudels ausmachen.

Und dann geschah etwas, das man nur als unglaublich unverschämtes Glück bezeichnen kann. Während wir mit den Gläsern schauten und suchten, sahen wir drüben plötzlich einen Wildkörper auf einer Schneebahn zu Tal fahren, sich überschlagend über den Felsenabsatz hinausschießen und weit unten in den Felsbrocken ankommen.

Was war geschehen? Das schwer kranke Gams hatte sich mit schwindenden Kräften vom flüchtenden Rudel noch ein ganzes Stück mitreißen lassen. Dann aber war es verendend zusammengebrochen. Glücklicherweise nicht oberhalb einer Felsstufe, denn sonst wäre es für uns wirklich verloren gewesen.

Erleichtert konnten wir mit der unversehrt geborgenen Beute unseren Heimweg antreten.

Dass ich dann noch, wie um mich zu trösten, ein Schneehahndl erlegt habe, war keine jägerische Großtat. Aber es hat den nagenden Zorneswurm in meinem Inneren ein wenig besänftigt.

Im darauf folgenden Frühjahr fiel im März nochmals meterhoch Schnee. Lawinen donnerten ins Tal und rissen so manches, vom langen Winter ausgezehrte Gams mit sich. Nach Mitte Mai, als ich wieder nach einem kleinen Hahn schauen wollte, zeigten sich die Berge noch winterlich weiß.

Der späte Schnee ist immer das Schlimmste für das Gamswild. Und für die älteren Stücke bedeutet er häufig den Tod.

Wie oft ich noch pirschend und steigend nach ihr schaute und suchte, ich weiß es nicht. Jahr um Jahr führten mich meine bergjagerischen Gänge in das einsame Hochtal. Immer noch rankten sich meine Vorstellungen und Gedanken um die Kohlgais.

Auch wenn andere Jagdgründe lockten, so zog es mich – immer in der Hoffnung auf ein Wiedersehen mit ihr – in den Lungau.

Die einheimischen Jäger konnten nichts von ihr berichten. Jedes Mal war ich, auch ohne diese auserwählte Beute je zu erjagen, der reich Beschenkte. Meine Suche nach der Kohlgais führte mich durch lichte Lärchenwälder in schattige Gräben, über steile Kare und auf luftige Höhen. Und ich wurde mit Erlebnissen und seltenem Anblick belohnt, wie es nur einem Jäger zuteil werden kann. Wenn man nach dem Sinn der Jagd fragt, so sehe ich hier einen großen Teil.

Ich musste mich damit abfinden, dass unsere letzte Begegnung auch das letzte Mal war, dass sie ein Jäger in Anblick hatte. Der schneereiche Nachwinter hat ihr wohl das Ende bereitet.

Die Berge haben ihr Wild für sich behalten.

Das Waidmanns-Heilen

Unsere Jagdhütte war ein verlassenes altes Bauernhaus. Der Besitzer, der Kronseder-Bauer, konnte sich nebenan ein neues, modernes Gebäude bauen und wir fanden eine romantische Bleibe in der jahrhundertealten „Klitsche". Doch nach ein paar Jahren starb der alte Austragsbauer, der zu Lebzeiten noch seine schützende Hand über das Haus seiner Ahnen gehalten hatte. Die Jungen hatten jetzt nichts Eiligeres zu tun, als die alte „Hütt'n" abzureißen.

Wir fanden bald einen neuen Unterschlupf beim „Lechner-Bauern", der unweit vom Kronseder neben seinem Hof einen kleinen Anbau leer stehen hatte. Es war dort im Schatten alter Walnussbäume ein gemütliches Hausen für uns, mitten im Revier.

Eines Frühsommertags, ich war beim Hochstandbauen, erschien der alte Lechner, verlegen die Mütze drehend, bei meiner Frau in der Stube: „Is da Jaga dahoam?"

„Nein, mein Mann ist im Revier. Was gibt's denn?"

Nun erzählte der Alte, seine beste Milchkuh, die schwarz-gescheckte „Lina", läge schon seit Tagen und könne nimmer aufstehen. Zwei Tierärzte – „Viechdökter" sagte er – seien schon da gewesen. Sie haben schmerzlich teure Spritzen „nei g'haut" und alles sei „umasunst".

Jetzt, nachdem alle ärztliche Hilfe versagt hatte, erinnerte er sich, was ihm der „alte Kronseder" auf dem Sterbebett anvertraut hatte: „Mit am Viech, wann amoi wos is, nacha gehst zum Jaga, der hot a Wiedl-Baigi!"

Mit dieser Geschichte voller Fragezeichen empfing mich bei meiner Rückkehr meine Frau.

„Jetzt sag'", fragte sie, „was ist denn ein Wiedl-Baigi?"

Mein ratloses Gesicht sprach sicher Bände. Der alte Lechner, schon reichlich „zahnluckert", war mit seinem Erdinger Dialekt für meine Frau aus dem Allgäu ohnehin schon genügend schwer verständlich, aber von einem „Wiedl-Baigi" hatte auch ich noch nie gehört.

Ich steckte da in einer sauberen Zwickmühle. Der alte Kronseder hatte mir da einen schönen rußig-schwarzen Peter hinterlassen. Wenn ich jetzt dem Lechner erklärte, alles sei ein Irrtum, der Nachbar sei verwirrt gewesen, mit seiner Behauptung, ich könne helfen. Das würde er mir nur als feige Verweigerung auslegen. Es gab also nur die Flucht nach vorn. Es stand obendrein die Jagd-Neuverpachtung bevor. Also auf in den Kuhstall!

Die lieben alten Lechnersleut' fand ich im Stall bei der Patientin. Wie ein Scharlatan kam ich mir vor, als ich die liebevoll auf reichlich Stroh gebettete „Lina" abtastete. Ich wackelte bedenklich mit dem Kopf, kratzte mir den Schädel und sprach dann die weisen Worte, vorsorglich nuschelnd, dass hier ein „Wiedl-Baigi" nicht helfen könne. „Aber", so sagte ich tröstend zu den besorgt zu mir Aufblickenden, „ich muss in die oid'n Biacher nachschauen, i glaub', es gibt da was Besseres."

Die hoffnungsvollen Blicke im Rücken, begab ich mich zu meinem Weibe, um ihr die verzwickte Lage zu erklären. Und siehe da, sie wusste Rat.

„Ruf doch die Tante Thekla im Allgäu an, die hat ihrer Lebtag Kühe gehabt und kennt jedes Naturheilmittel!"

Und die liebe und kluge Tante, vertraut mit den Kräften der Natur, riet zu Einreibungen mit warmem, kaltgepresstem Olivenöl.

Was man heutzutage in jedem Supermarkt in beliebiger Menge bekommen kann, war damals ein rarer Artikel. Bis in ein Münchner Reformhaus musste ich mich durchfragen, bis ich endlich den begehrten Stoff heimtragen konnte.

Das Öl wurde in eine alte, braune Medizinflasche umgefüllt, damit es ein wenig geheimnisvoller aussah. Anderntags begann ich mit meiner Behandlung bei der kranken „Lina".

Wie hatte die Tante geraten? Einreiben, bis das Öl richtig warm wird und einzieht, dann die Gelenke mit wollenen Tüchern einwickeln.

Nach meiner persönlichen Erst-Anwendung gab ich meine Anweisungen für die regelmäßige Behandlung und verließ mit besten Wünschen und einem heißen Stoßgebet zum heiligen Leonhard, dem Schutzpatron des Viehs, den Hof.

Als wir am nächsten Wochenende mit Kind und Hund auf die „Hütte" kamen, empfing uns der Lechner, wild mit den Armen rudernd: „Do, schaugt's naus auf d' Wies'n!"

Wir mussten uns die Augen reiben, an einen Erfolg, und vor allem einen so schnellen, hatten wir nicht zu glauben gewagt. Da stand die „Lina" friedlich grasend unter den anderen Kühen auf der Weide, als wäre es immer schon so gewesen.

Der strahlende Lechner-Bauer brachte mit vielen „Vergeltsgott" frische Eier und ein Mordstrumm Geräuchertes. Mein Ruf als Wunderheiler war gesichert.

Was ist aber ein „Wiedl-Baigi"? Nun, Wied sind Kräuter, und ein Baigi? Das kann ein Balg sein, es kann aber auch „Packi" geheißen haben. Da hätten wir dann die aktuelle „Kräuterpackung".

Doch zu dieser erhellenden Erkenntnis kam ich erst viel später.

Wie aber der alte Kronseder ausgerechnet auf mich gekommen ist, dieses Geheimnis hat er mit ins kühle Grab genommen.

„Bären jetzt schlafen!"

Wie in einer vollbesetzten Trambahn stehe ich neben meinem Freund Horst. Eine Unterhaltung ist unmöglich, der Lärm verschlingt jedes Wort. Zudem würden wir uns in die Zunge beißen. Der ganze Körper vibriert dermaßen, dass man die Zähne zusammenpressen muss, damit sie nicht zu klappern beginnen.

Nein, wir sind nicht in der Tram, wir stehen während des Fluges von Wien nach Bukarest in einer uralten Tupolev-Maschine. Richtig, wir stehen! Die Motoren röhren ohrenbetäubend, wir können nur brüllen oder uns Zeichen geben.

Wir schreiben das Jahr 1971, es ist November. Wir sind sechs Freunde, die sich schon lange kennen, und haben eine Jagd in den Karpaten gebucht. Es soll hauptsächlich auf Sauen gehen. Der Jagdvermittler hat uns auch Bären, Wölfe und Luchse versprochen. Das hat sich gut angehört. Der Lockruf „Karpaten" hat mich bewogen, mitzufahren, spukten mir doch die Bücher der großen Jäger wie Philippowicz, Graf Hoensbroech und Nadler im Kopf herum. Insgeheim hoffe ich, dass die Bären einen Bogen um mich machen werden. Anschauen gerne, doch erlegen – nur wenn die Versuchung allzu übermächtig wird.

Der Lufthansa-Flug von München nach Wien war perfekt wie immer, doch die Überraschung war dann der Abenteuer-Flug mit der rumänischen Linie Tarom. Die Waffen reichten wir dem Piloten ins Cockpit, damit war der Sicherheit Genüge getan. Der Flug erwies sich als total überbucht – kein Problem, da müssen eben ein paar Leute stehen.

In Bukarest werden wir von einem Dolmetscher empfangen, der uns in den nächsten Tagen begleiten soll. Ein siebenter Jäger stößt hier zu uns, ein etwa siebzigjähriger, sehr angenehmer Genosse, der aber ganz gut zu uns rüstigen Enddreißigern passt.

Wir sind fast alle zum ersten Mal in einem kommunistischen Land und machen große Augen über das Elend und die Armut, die uns überall entgegenblickt. In einem Kleinbus geht es ab in Richtung Südkarpaten. Auf halber Strecke müssen wir in einem Ort namens Pidesti übernachten. Das Hotel sieht sauber und Vertrauen erweckend aus. Auf dem Pult der Rezeption steht ein großes Einmachglas. Darin steckt, mit dem Kopf nach unten, ein lebender Karpfen. Wohl eine Art Fisch-Theke. Wir werden mit Hallo von einigen deutschen Ingenieuren der nahen Industriewerke empfangen:

„Warum kommt ihr erst heute? Die Mädchen wurden gestern alle verhaftet!"

Verwundert erfahren wir, dass die wohl einzige Attraktion des Ortes jene armen Frauen sind, die für ein Paar Nylonstrümpfe aus dem Intershop mit aufs Zimmer gehen. Sie hatten dem Polizeipräfekten nicht die verlangten Gelder bezahlt, also sperrte dieser sie zur Strafe ein paar Tage ein.

„Wenn ihr zurückkommt", lautet die „Frohe Botschaft", „sind sie wieder alle da!"

Für wie lange muss es einen hierher verschlagen haben, dass man sich darauf freut?

Anderntags geht die Reise weiter durch malerische Dörfer. Auf einem der dort stattfindenden Märkte halten wir. Wild ausschauende Typen mit riesigen Schnauzbärten halten unglaublich zermetzelte Fleischteile, ungewaschene Wolle, zerkrümelte Käse, ein paar lebende, mit den Köpfen nach unten hängende Hühner und kärgliches Gemüse feil. Die freundlichen Menschen betrachten uns wie Wesen vom anderen Stern und betasten uns, ob wir auch wirklich echt sind. Es gibt dort neben Schaffellen auch die landesüblichen Mützen aus Lammfell. Um den Leuten zu ein wenig Umsatz zu verhelfen, kaufen wir uns jeder, zum Gaudium der Marktler, eine solche „Katschiula". Sie

Der hergeblattete Bock von der alten Weide

Cita

Cita ...

... auch in den Lungauer Bergen immer dabei

sollte uns noch nach Jahren mit ihrem durchdringenden Schaf-hammel-Geruch an diesen bunten Markt erinnern.

Am Spätnachmittag, es geht durch unendliche, herrlich hoch-stämmige, sanft bergige Buchenwälder, erreichen wir das Jagd-haus. Nur aus Holz gebaut, diente es bisher ausschließlich den Regierungobersten als Jagdunterkunft. Die Jägerei, vier Mann hoch, ist angetreten, wir werden mit Slibowitz willkommen geheißen. Nachdem wir uns in zwei Gemeinschaftszimmern eta-bliert haben, freuen wir uns auf ein gutes Abendessen. Wir er-fahren, die bestellte Köchin sei krank und von den Jägern könne leider niemand kochen. Der Dolmetscher ist ratlos, also geht von den Freunden der Ruf an mich:

„Auf geht's Gerd, du kannst doch kochen!" Ich sehe mich in der Küche um und finde einen fußballgroßen Klumpen gefrorenes Schweinefleisch. Etwa zwei Dutzend schrumpelige Kartoffeln und einen Krautkopf hole ich unter dem Küchentisch hervor. Hurra! Auch drei Zwiebeln finde ich. Doch leider keinen Knob-lauch gegen die Vampire, die ja hier in Transsylvanien, in Draculas Reich, ihr Unwesen treiben sollen. Einen der Jäger nehme ich als Helfer zur Seite. Wegen seiner Ähnlichkeit mit dem großen Korsen haben wir ihm den Namen Napoleon gegeben. Eine sprachliche Verständigung ist unmöglich. Die rumänischen Texte kann ich zwar lesend gut entziffern, da hilft mir mein Italienisch und Latein, aber die Worte spricht man total anders aus. Also nehmen wir „Hände und Füße" zur Verständigung. Wir stellen gemeinsam einen riesigen Eintopf her. Den Freunden schmeckt's hervorragend und für den nächsten Tag wird's auch noch langen. An Getränken mangelt es hier im Regierungs-Haus nicht. Radeberger Bier und ein recht trinkbarer, einheimischer Weißwein sind überreichlich vorhanden.

Am nächsten Morgen steht vor dem Jagdhaus eine fünfzehn Mann starke Treiber-Kompanie. Wie die wohl ohne Hunde in dem Riesengebiet die Sauen auf Trab bringen wollen?

Mit dem Bus geht es zur Station einer Schmalspur-Eisenbahn, die zur Holzabfuhr in die Wälder fährt. Sie wird von einer museumsreifen Lokomotive gezogen, die ungeheure schwarze Qualmwolken in den Himmel steigen lässt. Wir steigen in den Waggon zu den bereits drinnen hockenden Waldarbeitern. Doch bald ziehen wir es vor, lieber auf der offenen Holzladefläche im frischen Zugwind zu stehen. Wir verzärtelte Zivilisations-Kinder sind die strengen Gerüche der Wildnis und ihrer Bewohner nicht gewohnt.

Irgendwo in der unendlichen Wälder- und Bergeinsamkeit entsteigen wir der Ratterbahn. Die Treiber gehen ihrer Wege und die einweisenden Jäger stellen uns weiträumig an. Es ist nicht kalt, und ich genieße die Einsamkeit, freue mich, so weit abseits von Lärm und Getriebe zu sein. Beim Gang zu den Ständen habe ich mir die Taschen mit den großen Bucheckern vollgestopft, die überall unter den riesigen Bäumen liegen. Das Treiben dauert vier Stunden, kein Schuss ist zu hören. Nur von Ferne höre ich großes Treibergebrüll. Was mag da los sein?

Beim Sammelpunkt hören wir, dass die Treiber auf eine starke Rotte Sauen gestoßen waren. Sie konnten die schlauen Tiere nicht hochmachen. Einer der Treiber zeigt uns seinen Stock. Er ist tatsächlich rot vom Schweiß der Sauen. Er hat auf sie eingeschlagen, um sie auf die Läufe zu bringen. Doch der einzige Erfolg war, dass sie sich in der nächsten Dickung verkrochen haben. Sie kennen wohl das Spiel schon. Ohne Hunde wird's schwer werden, das Wild vor die Schützen zu bringen.

Das Treiben am Nachmittag bringt nur Anblick von unglaublich starkem Rotwild, das aber nicht frei ist. Ich bin die Größenverhältnisse des heimischen Wildes gewohnt und denke zuerst, es kämen Pferde auf mich zu.

Wieder im Jagdhaus stürzen wir uns mit Wolfshunger auf meinen Eintopf vom Vortag. Untertags gab's nichts außer Bucheckern. Wir hauen rein wie der berühmte „Hektor in die Buletten". Zum Glück hatte ich so reichlich gekocht, dass sogar noch etwas übrigbleibt.

In der Nacht kommt Sturm auf, und als wir morgens zum Fenster rausschauen, ist alles dick verschneit. Wieder geht's mit

Beim Spekulieren – wo könnte sie stehen

Der alte „Roda Vota"

Der gute Spielhahn

Pirsch auf verschneiter Höhe; gegenüber liegt der Hochkessel des „Blopperling"

der Kleinbahn in die Wälder. Auf dem Weg zu den Ständen entfällt das Bucheckern-Suchen wegen des bereits wadentiefen Schnees. Ich hatte zum Glück noch vor dem Abflug eine große Toblerone gekauft. Jeder bekommt ein Stück, das muss bis zum Abend reichen, denn noch ist die Köchin mit Nachschub nicht erschienen. Es ist empfindlich kalt geworden, der Wind fegt über die Höhen. Es fällt schwer, mehrere Stunden unbeweglich still zu sitzen. Doch ich warte auf Wolf oder Luchs, da kann man keine Freiübungen machen. Es fallen einige Schüsse und nach Ende des ersten Treibens schleifen die Treiber zwei mittlere Sauen zum Sammelplatz. Der Nachmittag bleibt ergebnislos. Es sind auch keine Sau-Fährten zu sehen.

Zum Abendessen hat der Dolmetscher einen Laib Brot organisiert. Als wir die restliche Suppe aufwärmen wollen, stellen wir fest, dass sie schon leicht in Gärung übergegangen ist und moussiert. Also essen wir sauren Eintopf mit einer Scheibe Brot. Den Rest des Brotes müssen wir uns fürs Frühstück aufheben, sonst steht uns ein totaler Fasttag bevor. Wir knöpfen uns den Dolmetscher vor. So geht das nicht mit uns! Er verspricht, am gleichen Tage zum Telefonieren zu fahren und sich um Nahrung zu kümmern. Uns bleibt zum Trost die flüssige Nahrung. Wir schwören uns, wenn jemand ein Reh sieht, so sei es unbedingt für die Küche zu erlegen.

Der nächste Tag ist jagdlich eine komplette Nullrunde und unser Stimmungsbarometer, verstärkt durch die leeren Mägen, steht auf Sturm. Wir beschweren uns, dass man uns an der Nase herumführt, weder Sau, noch Wolf, Luchs, geschweige denn Bär lässt sich sehen. Der einzige Kommentar: „Bären jetzt schlafen!“ Wegen des plötzlichen Wintereinbruchs seien die Bären ins Lager gegangen. Vermutlich ist sämtliches Wild schon lange sonstwo hingegangen.

Am späten Abend kommt der Dolmetscher mit reichlich Brot, etwas Butter und einem unbeschreiblichen Käse zurück. Er ist gräulich und schmeckt auch so. Doch Hunger ist bekanntlich der beste Koch, und wir essen tapfer von diesem Sonderprodukt der rumänischen Molkereien.

Außerdem verkündet er uns, dass wir am nächsten Tag in das sonst nur dem Staatspräsidenten Maurer vorbehaltene Revier dürfen. Dort würde alles besser sein.

Hoffnungsfroh beginnt der Tag mit einem Frühstück, das nun nicht mehr nur aus Tee besteht.

Mit dem Kleinbus fahren wir weit in die Wildnis hinein. Beim Aussteigen stolpern wir fast über eine starke Bärenfährte. Also schlafen doch noch nicht alle Bären. Es ist wärmer geworden, die Sonne scheint und der Schnee schmilzt zusehends. In dieser Gegend ist es sehr bergig und so weit das Auge reicht, reiht sich Bergkuppe an Bergkuppe. Die baumlosen, noch weiß verschneiten Gipfelregionen glänzen in der Vormittagssonne. Auf meinem Stand angelangt, muss ich schauen, dass ich aus dem Traufbereich der Bäume herauskomme, der schmelzende Schnee fällt nämlich mit dumpfem Plumps ständig von den Ästen. Ich höre durch das dauernde Geriesel nicht, ob Wild anwechselt. Doch plötzlich sehe ich in dem Jungbuchen-Anflug die Stauden wackeln und habe schon die Büchse im Gesicht. Schnee stäubend, wie auf auf einem Bild von Liederley, explodiert eine Sau aus dem Dickicht schräg auf mich zu. Weit kommt sie nicht, wie ein Hase schlägt sie Rad, schlegelt noch kurz und ist verendet. Mein erster Karpatenkeiler, wie ich beim Hinzutreten überglücklich sehe.

Bald darauf kommt einer der Jäger, der mit den Treibern mitgegangen war. Auch er ist froh, dass nun der Bann gebrochen ist, denn er hat mehrere Schüsse gehört. Er hebt die Hand, zeigt alle zehn Finger:

„Viele Bumm-Bumm!“ sagt er strahlend. Er bricht sofort den etwa Dreijährigen auf, schärft sich dann die Steine heraus und hält sie glücklich in die Höhe.

„Gutt fir Mama!“

„Bären jetzt schlafen!"

Die Buchenwälder der Karpaten

Bergen des Keilers und der Mann mit der Aktentasche

„Bären jetzt schlafen!"

Die Holzbahn, Treiber und Jäger

Dann hängt er sich die zwei zusammengebundenen Hoden wie ein Amulett um den Hals.

Nun, der Chinese schwört auf Tigergalle, dieser hier hat auch so seine Mittelchen.

Am Treffpunkt finde ich die Freunde um eine Strecke von sechs Sauen herumstehen. Fast jeder ist zu Schuss gekommen. Na also, da hat unser Protest doch etwas gebracht.

Der Nachmittag ergibt nochmals drei starke Schwarzkittel, darunter ist ein ganz beachtlicher Keiler. Am Abend, wieder am Jagdhaus angelangt, wollen wir mit den Treibern, wie es bei uns üblich ist, einen gemeinsamen Schluck auf den erfolgreichen Tag nehmen. Doch es ist fast unmöglich, die Männer in die Stube hereinzubekommen. Sie haben eine unglaubliche Scheu, das Haus der Regierung zu betreten. Ist das die berühmte Gleichheit aller Menschen, die der Kommunismus verspricht? Die armen, zerlumpten Teufel stehen ängstlich an die Wand gedrängt in der Stube, stürzen den Schnaps eilig hinunter und hasten, wie von Furien gehetzt, wieder hinaus. Sie sind teilweise tropfnass, haben völlig unzureichende Kleidung, besonders das Schuhwerk ist erbärmlich. Ein Treiberbub, ein einäugiger Zigeuner, hat sich Gummistiefel aus Autoschläuchen genäht. Wir beschließen, bei unserer Abreise alle Kleidungsstücke, die wir nicht zur Heimfahrt brauchen, den Menschen hier zu überlassen.

Der letzte Tag ist angebrochen. Wir fahren wieder in das gleiche Revier wie am Vortag. Es liegt weit ab von jeder menschlichen Behausung, wahrhaft im Urwald der Karpaten. Der Schnee ist dahingeschmolzen, die Sonne verwöhnt uns mit milden Strahlen. Beim Anstellen komme ich an einer Suhle vorbei. Daneben steht ein lehmverschmierter Malbaum, an dem die Sauen ihre Schwarte gewetzt haben. In der Höhe meiner Schultern finde ich Borsten vom Kamm eines mehr als eselsgroßen Keilers im Lehm festgeklebt. Was müssen das für kapitale Schweine sein! Unser Senior hatte Anblick einer Rotte solcher Riesen und glaubte zuerst, es wären Esel im Treiben. Aber leider kam er da nicht zu Schuss.

Doch unser Glückspilz „Birsch", der fast schlafend hinter einem gefallenen Baumstamm lag, wurde durch das Heranraschaln eines starken Wildes im Falllaub „geweckt". Über den Stamm hinwegspähend, sah er solch einen gewaltigen Urian gemächlich auf dreißig Schritt heranwechseln. Ein Mauspfiff, der Kapitale verhoffte und „Birsch" konnte ihm in aller Seelenruhe die Kugel antragen. „Den Seinen gibt's der Herr ....", das kennt man ja.

Nach dem Treiben treffen wir alle bei ihm zusammen, beglückwünschen den strahlenden Erleger und kommen aus bewunderndem Staunen, welch starkes Wild es hier gibt, nicht heraus.

Während wir noch fotografieren und uns mit dem Schützen freuen, taucht plötzlich wie aus dem Nirgendwo, das ja tatsächlich um uns her liegt, ein Mensch mit einer schwarzen Aktentasche, in weißem Hemd mit Krawatte auf. Auf mich wirkt er hier so fehl am Platze wie Papageno mit Aktentasche und Börsenanzug, wie es einem heutzutage auf Opernbühnen zugemutet wird. Wo kommt der Mann her, hier mitten in der Wildnis, und dann noch mit Aktentasche? Rätsel des rumänischen Urwalds.

Mit vereinten Kräften wird der Kapitale zum Sammelplatz geschleift. Dort liegen bereits zwei weitere mittelstarke Sauen. Sie werden auf einer Lore, die dem Holztransport dient, verladen.

Am Nachmittag kommt nur noch einer von uns zu Schuss, und zwar auf einen Rehbock, den wir die Tage zuvor so dringend für die Küche gebraucht hätten. Der Bock ist zudem auch noch beachtlich stark. Das Wild, das hier Wölfe, Luchse und strenge Winter überlebt, bestätigt den sagenhaften Ruf der Karpaten. Wir freuen uns, dass es heute Abend Rehbraten geben wird und es läuft uns schon das Wasser im Munde zusammen. Das soll ein wohlverdienter Abschluss der „Schmalhans-Küchenmeister-Woche" werden.

Hochgemut geht es zurück zu unserer Bleibe. Die Treiber trauen sich zu einem Abschieds-Schluck nicht mehr ins Jagdhaus hinein, sicher hat man sie entsprechend gescholten ob ihres Betretens des allerheiligsten Bonzen-Hauses. Also prosten wir uns im Freien

Der Mondhirsch

Der Einstand des Heimlichen

Der Mondhirsch

Der Jagdherrenbock

zum letzten Mal zu. Beglückt ziehen sie ab. Wir haben jedem, sicherheitshalber persönlich, unsere jetzt entbehrlichen Gummistiefel, Bergschuhe, Pullover, Hosen, Hemden und Jacken übergeben. Hoffentlich nimmt man ihnen die nützlichen Sachen nicht wieder ab!

Als ich nach dem Rehbock frage, höre ich, dass er schon abtransportiert wurde. Nur das Haupt hat man uns dagelassen. Soll sie doch alle der Teufel holen! Nix ist's mit dem Rehbraten! Nix ist's mit dem Festschmaus! Jetzt können wir wieder Brot mampfen, bis es zu den Ohren rauskommt!

Unser Freund Peter tröstet uns mit dem Versprechen, dass er uns alle in Wien ins Feinschmecker-Restaurant „Zu den drei Husaren" einladen wird. Schon müssen wir heftig schlucken, wenn wir an die Herrlichkeiten dort denken. Man könnte meinen, unser ganzes Sinnen und Trachten wäre nur aufs Essen ausgerichtet. Doch wenn man den ganzen Tag, vom frühen Morgen bis zum späten Abend, ständig in der frischen Luft bergauf, bergab unterwegs, ohne einen Bissen auskommen muss, dann wird der leere Magen schon sehr grantig und die Fantasie gaukelt einem herrliche Menüs vor.

Jedoch in der Summe dieser Tage ist und bleibt die Erinnerung an das wunderbare Erlebnis einer urigen Natur mit ihrem starken Wild, das nur allein den Gesetzen der Wildnis unterworfen ist.

Noch in der Nacht fahren wir zurück nach Bukarest. Diesmal wird kein Halt im Karpfen-Hotel mit seinen sicher inzwischen wiedergekehrten Girls eingelegt.

In Bukarest kann sich so mancher von uns nicht enthalten, ein Schnitzel zu bestellen. Doch schnell kommen wir zu der Erkenntnis, dass wir ja schon im Jagdhaus unsere Schuhsohlen hätten braten können. Die hätten wir sicher weicher bekommen.

Unsere Ankunft in Wien gestaltet sich triumphal. Vom Air-Terminal aus nehmen wir zwei Fiaker und lassen uns wie die Fürsten durch die Stadt kutschieren. Vor dem Restaurant staunt der Türsteher nicht schlecht, als sieben stachelbärtige, etwas heruntergekommen ausschauende Jäger Einlass begehren. Doch der Chef des Hauses sieht mit Kennerblick: Jetzt ist beste Küche gefragt!

Wir haben ihn nicht enttäuscht. Wir haben die Menü-Karte hinauf und hinunter gegessen, und dies hat uns für alle Entbehrungen reichlichst entschädigt.

Später dann, im Flieger nach München, drehe ich mich nach meinen Waidgenossen um, und was sehe ich? „Bären jetzt schlafen!“

Auf Messers Schneide

Es war in den jagdlich goldenen Sechzigerjahren, und beinahe hätte diese Geschichte einen etwas ruchlosen Abschluss gefunden. Das junge Jägerblut rauschte damals noch stürmischer durch meine Adern, und oft war fast alle Tag' Jagdtag und auch Fangtag.

Mein Freund Toni hatte mich wieder einmal ins Revier vom Onkel Martl mitgenommen.

Es war gegen Ende August und wir fuhren voller Tatendrang und froher Erwartungen nach dem kleinen Marktflecken, in dem der Onkel seine Brauerei hatte und eine wohlgepflegte Gastwirtschaft führte.

Dem Ort zu neigt sich die Straße steil hinab. Dort fuhr in einem der ersten Nachkriegsjahre der alte Zeilhofer, seines Zeichens Viehhändler, mit seinem klapprigen Vehikel, das den Krieg in einer Scheune überdauert hatte, frohgemut bergab gen Marktplatz.

Als die fröhliche Fahrt, bedingt durch die steile Neigung der Straße, nun immer schneller und schneller wurde, trat er beherzt auf die Bremse – doch er trat ins Leere. Sein Schreckensruf, den er mit seiner Geschichte der heil überstandenen Sausefahrt allen Freunden gestenreich erzählte: „Zackerdi – zackerdi, jetzt hob i koa Brems nimmer!", war damals der vielbelachte Schlachtruf der Saison. Der Zeilhofer hat es samt seinem „Leukoplastbomber" unbeschadet überlebt, als er scheppernd mit haarsträubendem Karacho in den damals noch Gott sei Dank verkehrsarmen Ort hineinpreschte.

Wir jedoch, trotz allen Vorwärtsdranges, hatten „genug Brems'", um wiedersehensfroh erst einmal beim Onkel Martl einzukehren.

Dort erwartete uns wie immer eine herzerwärmende Gastfreundschaft. Im Turmzimmer des stets wie ein englischer Landedelmann gekleideten Onkels setzte man sich zunächst bei Havanna und Sherry in die heimeligen Ohrensessel. Die Gespräche drehten sich wie immer um Wild und Kurzhaar-Hunde, deren Züchter und Führer wir beide waren.

Einst hatte Martls großzügige Gastfreundschaft einen schmerzlichen Schlag erhalten. Der Onkel bat Tonis Bruder Peter und mich, doch einen oder gar zwei stramme Weihnachtshasen zu erlegen. Er mochte das nicht unbedingt selber tun. Er liebte seine Mümmelmänner über alle Maßen und freute sich bei seinen stimmungsvollen Jagd'ln über jedes Langohr, das den Rohren unbeschadet auskam.

Der Peter fragte auch noch, ob wir, so vorhanden, auch mehrere Hasen erlegen dürften.

„Dees derft's ihr scho'", war die Antwort, „aber ihr trefft's ja eh nix!"

Als wir voller Stolz nach ein paar Stunden mit elf prachtvollen Löffelmännern den Onkel hinter das Wirtshaus zur Strecke baten, da hat er fast geweint um seine lieben Hasen.

Doch heute sollte es anderem Wild gelten. Wir wollten uns ein wenig im Revier umschauen, und wenn gar ein passender Rehbock zu finden wäre – man würde sehen. Erst aber mal ein wenig pirschen fahren, um die geeigneten Winkel und Ecken in Augenschein zu nehmen. Der Toni am Steuer. Ich bereit, Raubzeug im schnellen Zugriff zu erlegen.

Das idyllische Revier liegt vor den Toren des kleinen Städtchens, umschlängelt von einem Erlen umstandenen Flüsschen, eingebettet in hügelige Voralpenlandschaft. Allenthalben kleine Wäldchen und Buschgruppen, so recht das, was sich Rehe wünschen.

Eine Krähe, die wohl Tonis Auto noch nicht kannte oder eine zu „lange Leitung" hatte, wurde unsere erste Beute. Wir stiegen aus, um meine Kurzhaar-Hündin „Cita" den Vogel holen zu lassen. Dann sollte es weitergehen.

Ich ließ mich wieder auf den Autositz nieder – und fuhr blitzartig, wie von der berüchtigten Tarantel gestochen, hoch. Ein heftiger Schmerz durchzuckte mich, als hätte mich etwas in die rechte Gesäßhälfte gestochen. Raus aus dem Auto! Ich fasste mit der Hand nach der schmerzenden Stelle. Sie wurde warm und klebrig. Was zum Teufel war da geschehen? Da fiel mein Blick auf das Sitzpolster. Mein Jagdmesser war aus der Scheide in der Nickertasche meiner Bundhose geglitten und hatte sich mit Griff nach unten zwischen Sitz und Lehne geklemmt. Die messerscharfe Klinge ragte nach oben gerichtet mir drohend entgegen. Da man sich beim Einsteigen gern entspannt in die Polster fallen lässt – nun, da hatte ich mich schön entspannt ins offene Messer gesetzt.

Jetzt fühlte ich es warm und reichlich den Schenkel hinabrinnen. „Teufel noch mal, Toni," rief ich entsetzt, „ich hab' mich in mein Messer gesetzt!"

„Leg' dich nieder!" meinte der Toni, „ich hol's Verbandspackl!"

Auf dem Bauch liegend, die Hose heruntergerissen, hörte ich mein herausschießendes Blut, wie ein Brünnlein plätschern. Zartfühlend bemerkte der Freund, es sähe aus wie ein kleiner Springbrunnen. Mich packte Panik ob des davon rinnenden Lebenssaftes. Die Blut stillende Watte wurde einfach weggespült. Da presste ich mit der rechten Hand die Stichwunde einfach zu. Endlich hörte das Plätschern auf. Wacklig stand ich am Auto, der liebe Toni zog mir die Hose notdürftig hoch. Und dann, ich in Bauchlage auf dem Rücksitz, immer fest die Wunde zupressend, raste er ins nahe gelegene Krankenhaus.

Dort kam ich gleich auf den OP-Tisch. Immer noch hielt ich den Einstich zu. Als nach einiger Zeit der Doktor kam, war die Blutung zum Stillstand gekommen. Dieser Mediziner, vom Typ „resoluter Frontarzt", schaute, nachdem er den Schaden besichtigt hatte, erst den Toni, dann mich an: „Habt's g'rauft!?" Es war mehr eine Feststellung, als eine Frage, denn woher sollte sonst ein Stich in den Hintern kommen. Unsere Geschichte glaubte er nicht, es war ihm wohl auch egal. Er säuberte, nähte (ohne lokale Betäubung), verband, verpackte und entließ uns mit maliziösem Grinsen.

Wieder im Auto, eröffnete mir der Toni, dass er als Trostpflaster für mich einen ganz alten, starken und ganz besonders interessanten Rehbock wüsste. Den wollte er mir zudrücken.

„Da, hinter die alte Buche stellst du dich hin, und von dort unten", er deutete auf einen Jungwaldstreifen im Wiesengrund, „von dort unten muss er kommen." Fort war der Freund.

Mit zittrigen Beinen, ganz g'starrigen Hosen vom getrockneten Blut, lehnte ich mich an den zugewiesenen Baum. Zeitweilig wurde mir ganz neblig vor den Augen, ich musste mich, die Büchsflinte unterm Arm, fest an den alten Baum lehnen, damit ich nicht zusammensackte.

Wie viel Zeit vergangen war, weiß ich nimmer, als plötzlich, wie hingezaubert, unten im moosigen Wiesental ein fast weißgrindiger Rehbock sichernd verhoffte. Er äugte zurück zu seinem Einstand und bot mir, einen knappen Kugelschuss entfernt, einen Anblick wie eine verlockende Vision – noch Jahre werde ich davon träumen. Zwischen den Lusern war es schwarz, ganz voll, kein hohes Gwichtl, aber unglaublich stark.

Langsam fuhr die Büchse zur Schulter, der Stecher rastete leise ein, der Finger berührte das Züng'l – klack!

Weggewischt war das Traumgebilde. Nur ein tiefer, grunzender Schrecklaut zeigte, dass ich keiner Fata Morgana erlegen war.

Kurz darauf erschien der Toni an der gleichen Stelle wie ein Geist, aus dem Boden gewachsen. Gleich war er oben bei mir: „Und?"

„Ich hab's Laden vergessen!"

Und der Toni: „Auf, jetzt schnell fort, wir sind hier beim Nachbarn!"

Eine saubere Bescherung, gleich zweifach. Durch den Blutverlust nicht mehr ganz Herr meiner Sinne hatte ich tatsächlich zu laden vergessen; das erste Mal in meinem bis dato schon recht intensiven Jägerleben. Dies hatte mich davor bewahrt, wenn auch wider Wissen und Willen, eine nicht ganz „hasenreine" Tat zu begehen. Freund Toni hatte den Bock schon lange ausspekuliert, es fehlte ihm nur der zweite Mann im Bunde. Der kleine Unfall hatte nun seinen Entschluss zur „ruchlosen" Tat beschleunigt. Deren Vollzug stand letztendlich und sprichwörtlich „auf Messers Schneide".

Doch bei uns war die Luft und Lust zum „wilden Gejaid" raus. Jetzt wollten wir uns beim Onkel Martl bei einer zünftigen, gehörigen Brotzeit von unseren „Heldentaten" erholen.

Im Wirtshaus angelangt – ich, bleich, mit von getrocknetem Blut starrer Bundhose –, musterte uns der Martl mit hochgezogenen Brauen: „Habt's g'rauft!?" Auch hier, mehr eine Feststellung als eine Frage.

Glück hatte ich damals aber schon ein gewaltiges gehabt, denn der Messerstich war nur zwei Zentimeter neben dem Ischiasnerv bis zum Heft in die Backe gegangen. Seitdem trage ich das Messer stets mit dem Griff nach unten in den Nickertaschen meiner Hosen.

Und – ich möcht' ehrlich sein, der alte Bock hätt' mich schon auch ganz narrisch gefreut.

Der Mondhirsch

Nein, nein, das ist kein Druckfehler, es soll nicht „Mordhirsch" heißen. Und unter einem „Mondhirsch" stellt man sich wahrscheinlich einen bei Mondschein erlegten vor. Keines trifft zu, doch halt!, ich will nicht vorgreifen.

Gegen Ende August, die Ebereschen waren bereits rot, da rief mich mein Freund Peter an: „Was is, fahrst mit, schieß' amal an g'scheiten Hirsch!? Du kennst doch den oid'n Jagaspruch: Sind die Ebereschen rot wie die Korallen, ist der Feisthirsch reif, und er kann fallen!?"
So schnell hatte ich wohl noch nie mein „Zauberzeug" beinander. Wie ein Kind freute ich mich auf das Wiedersehen mit den geliebten Oberstdorfer Bergen und dem Revier, von dem ich damals noch nicht wusste, dass ich einst hier heimisch werden würde. An der freudigen Hochstimmung konnte auch der traurige Schnürlregen nichts ändern, der seit Tagen pausenlos herniederrauschte.

Vor dem Jagdhaus warteten bereits die beiden Berufsjäger Bernhard und Roland mit der „frohen Kunde", dass „mein" Hirsch ganz herunten beim Sepplbauern im Schlag stünde. Eile war geboten. Das war nun weniger nach meinem Gusto, denn gleich nach der Ankunft zu schießen – dann ist ja alles bereits vorbei. Doch gute Gelegenheiten bieten sich wenige im Berg, und aus bitterer Erfahrung weiß ich, dass sich ein Günstling Dianas nicht lange zieren darf. Dann ist das launische Mädchen nämlich sauer und man kann dann „Mit dem Ofenrohr ins Gebirg' schaun". Mir fällt bei Erwähnung dieser launischen Göttin immer mein alter Jagdfreund Ferdl ein, der stets bei seiner Ansprache nach einer Treibjagd mit seiner hohen Stimme krächzte: „Diana, die

Hochgeschürzte hat uns heute wieder unter ihr Röckchen schauen lassen!" Man kann sich leicht vorstellen, wie sauer eine Göttin werden kann, wenn ein solch verlockendes Angebot ausgeschlagen wird.

Hinterm Sepplbauern bezogen wir hinter einem Holzstoß Stellung und schauten mit den Spektiven hinauf in den regenverschleierten Berg. Und wirklich – dort ästen vertraut, unterhalb einer Felswand zwei Hirsche in etwa 230 m Entfernung. Der eine, ein Zwölfer vom neunten Kopf, der andere ein wohl älterer, ungerader Kronenzehner. Wegen seiner halbmondförmig gebogenen Achterstange nannten die Jäger ihn „Mondhirsch". Ganz versunken war ich in den Anblick der beiden Geweihten, die vertraut äsend in den saftigen Bergkräutern langsam dahinzogen. Der Ältere schien dabei seinen rechten Vorderlauf ein wenig zu schonen, doch es war selbst mit dem Spektiv nichts Besonderes zu erkennen.

Zum baldigen Schusse gedrängt, baute ich mir eine bequeme Auflage auf dem Holzstapel. Das brauchte es auch, denn die Entfernung wuchs stetig und an ein Näherkommen war auf der freien Fläche zwischen dem Hof und dem Wald nicht zu denken. Zudem war der Regen stärker geworden und den Hirschen konnte es jetzt leicht zu ungemütlich werden. Doch ich kannte meine bewährte, heißgeliebte Scheiring Kipplaufbüchse Kal. 30/06. Nachdem ich das Hirschfieber mit meinem alten Trick, Nase zuhalten und den Atem pressen, niedergekämpft hatte, brach der gut hochblatt, ruhig gezielte Schuss.

Droben ein Aufwerfen und gemächliche Flucht bergan. Weit oben im Berg sahen wir die beiden in den dichten Latschen untertauchen. Der war „wutzweg" gefehlt. Die Anschusskontrolle mit Bernhards BGS-Hündin Gitti bestätigte das Gesehene. War da der starke Regen schuld, konnte der die Kugel verschlagen haben?

An diesem Wochenende kam der Hirsch nicht mehr in Anblick. Doch nach acht Tagen hatte er sich einem größeren Feisthirschrudel, immer ein wenig Abstand haltend, zugesellt.

Den Jägern war er überhaupt als ein Sonderling bekannt. Nie stand er im Winter beim Futter und zog nur mit dem Zwölfer umher.

Wieder im Revier, sah ich ihn täglich hoch droben im Berg in der jagdlichen Tabuzone seine Fährte ziehen, wo wegen der behüteten Feisthirsch-Einstände kein Schuss fallen darf. Stundenlang saß ich am Spektiv und verfolgte am Abend und am Morgen seine heimlichen Wechsel und Gänge. Und dann war mir das Glück des Geduldigen hold. Eines frühen Tages zog er höher hinauf, weit weg aus der Tabuzone und verschwand oberhalb des Bergwaldes in den Latschen. Jetzt glaubte ich seinen Tageseinstand zu kennen. Am frühen Nachmittag des gleichen Tages stieg ich mit dem Jäger Roland in aller Gemächlichkeit hinauf, bis zu einem Felsköpferl, das, wie eine Kanzel, besten Ausblick auf den vermuteten Einstand und den wahrscheinlichen Wechsel des Hirsches bot.

Bequem lagerten wir, vom Wilde uneinsehbar, in einer weichen Lahnergras-Mulde und ließen uns die milde Nachmittagssonne auf den Buckel scheinen. Immer wieder versuchte ich mit dem Spektiv den Dschungel der Latschenzweige zu durchleuchten, doch nichts außer einem rötlichen Wurzelstock gab mir zu rätseln. Als ich zum „ich-weiß-nicht-wie vielten-Mal" den rötlichen Wurzelstock beäugt hatte, schien es mir, als ob der nicht doch verteufelt einer roten Hirschdecke gleich sähe. Ich wies den Roland ein. Nach langem Hinüberstarren stupfte er mich lächelnd an und deutete mit einer Hand eine Halbmondsichel an: Der Mondhirsch.

Sofort ging mein Puls auf Tempo 180. Der alte Zehner jedoch ließ sich Zeit. Wo würde er kommen? Nach einer sich endlos dehnenden Stunde sahen wir ihn gemächlich hoch werden. Immer verdeckt, im engen Gewirr der Latschenäste und der dicht beasteten Fichten zog er zeitlupenlangsam bergab. Schonte er? Jeder seiner Schritte dauerte Minuten, die köstlichen Gräser und Bergkräuter ließen ihn lange verweilen. Etwa zehn Meter unterhalb von ihm war eine winzige Lücke. Wenn er da durchkäme und nur für einen Wimpernschlag verhielte, es würde reichen.

Längst lag ich im Anschlag bereit, den sekundenkurzen Augenblick zu nutzen. Das Hirschfieber war mir längst vergangen, so lange kann kein Puls rasen, als zuerst das Haupt, äsend gesenkt, erschien. Wieder ein langsamer Schritt, der Vorschlag wurde frei, das Haupt war jetzt schon wieder verdeckt. Noch ein Schritt, jetzt war das Blatt frei, der Finger berührte das gestochene Züngel und die Kugel fuhr hinaus. Ich sah, wie sich der Edle in der Todesflucht talwärts hinausschnellte, sah ihn sich in der Luft überschlagen, dass die blonde Bauchseite aufleuchtete und hörte ihn in den steilen Abhang hineinkrachen. Steinepoltern, verebbend in der Tiefe, eine zeternde Amsel, dann nur die Stimmen der Stille.

Die überlang aufgestaute Hochspannung ließ uns aufspringen. Hineinschauen in den Hang konnten wir nicht. Der lag überriegelt jenseits der Schotterrinne, die unsere Kanzel vom Latschenfeld trennte. Ich war gut und sicher abgekommen und wir hatten beide ein gutes Gefühl, dass der Heimliche verendet sein müsse.

Geruhsam, doch voll freudiger Erwartung packten wir zusammen und schwangen uns von unserem hohen Ausguck hinab. Erst ging es über die steile Riese. Der rollende Steinschutt nahm uns bei jedem Schritt ein wenig in die Tiefe, doch bald war die Rinne überquert.

Dann noch an einem Felsband entlang gehangelt, und schon standen wir am Rande der Latschenwildnis. Hier war es weit steiler, als es von drüben ausgeschaut hatte. Etwa 50 m unter uns sahen wir die Hinterläufe des Verendeten aus einem Astgewirr hervorschauen. Es hatte ihn bei seiner Todesflucht, die ja geradezu ein Todesflug war, mit voller Wucht unter eine umgestürzte Wetterfichte hineingeschlagen. Diese hatte ihn zu unserem Glück vor weiterem Abstürzen aufgehalten, denn es ging „gach" hinunter. Als wir den Hirsch nach kurzem Abstieg dort herausziehen wollten, war es ohne Hebelkraft unmöglich, so fest steckte der Mondsichlige unter dem Baum. Und dann sahen wir auch an seinem knollig verdickten Vorderlauf, dass er dort eine alte, längst ausgeheilte Verletzung hatte. Diese hatte wohl zu der leichten Missbildung der Geweihstange geführt. Das haselnussbraune Geweih war unversehrt. Bevor wir ihn aus all den Ästen herausschnitten, mussten wir ihn, um ihn vor weiterem Absturz zu bewahren, mit einem Seil festzurren. Dann, mit eingerammten Bergstecken sichernd, ließen wir ihn bis zum nächsten Absatz hinab. Dort konnte er nicht mehr abrutschen. Die weitere Bergung erwies sich als Problem. Unser Seil war zu kurz, um den Hirsch beim Abtransport vor zu schnellem talwärts Stürzen zu sichern. Wir mussten absteigen, um ein langes Bergseil zu holen. Damit konnten wir den Erlegten von einem fixen Punkt zum nächsten langsam bis zum Talboden gleiten lassen.

So geht bei der Jagd im Berg die eigentliche Schinderei und Plackerei oftmals erst nach der Erlegung des Wildes los.

Was man verspricht, ...

Die Bockjagd ist und bleibt für die meisten Jäger der Höhepunkt des Jagdjahres, und jeder erlegte Bock hat seine eigene Geschichte. Der „Erste" aber ist der, der den Markstein für das weitere „grüne Leben" setzt. Es ist wie vieles, was man zum ersten Mal im Leben tut. Und es gibt wohl keinen Jäger, der nicht jederzeit die Geschichte seines „Ersten" bis ins Kleinste erzählen könnte.

Auseinander gehen aber die Meinungen, ob man denn nun ganz bescheiden anfangen oder gleich so richtig hinlangen sollte. Die Stimmung, das ganze Drumherum bei der Erlegung des ersten Bockes ist, so meine ich, viel wichtiger als die Stärke des Gehörns. Und der „Erste" muss beileibe kein Kapitalbock sein.

Ich habe erlebt, dass besonders spätberufene Jäger, die über die entsprechenden Mittel verfügten, gleich mit einem mit Goldmedaillen geschmückten Kapitalbock aus Ungarn oder Polen angefangen haben. Da ist eine Steigerung nicht mehr möglich. Viele haben so die Messlatte für späteres Erleben und Erlegen meiner Ansicht nach zu hoch gelegt. Der Mensch ist wohl so – es muss immer noch eins drauf geben.

Mein Freund Werner hatte gerade seinen ersten Jagdschein gelöst, und ich hatte mir fest vorgenommen, er sollte unter meiner Führung einen Jährlingsbock erlegen. Dabei wollte ich ihn noch so nebenbei auf das schöne Drum und Dran der Jagd einstimmen. So gingen wir zum Ansitz.

Bevor Werner überhaupt aus dem „Hohen Norden", dem Ruhrgebiet, nach dem „Tiefen Süden", nach Oberbayern, angereist war, hatte ich schon den, wie ich meinte, passenden Bock ausgemacht. Erzählt habe ich ihm natürlich nichts von dem geringen Spießer, der treu und brav seinen Wechsel einhielt. Den sollte er ja quasi selbst entdecken und ansprechen und so mit einer bescheidenen ersten Beute beginnen. Mein Plan war allzu fein gesponnen, doch er wurde zum Gespött der „grünen Geister".

Tag um Tag, morgens wie abends, sah uns der Wald auf dem Hochstand hocken. Der so sicher bestätigte Jahrling ließ sich jedoch nicht blicken. Wir hatten zwar reichlich guten Anblick, aber das waren stets zukunftsfrohe Jünglinge der Familie Capreolus. Sicher, so dachte ich, haben diese den Geringen auf Trab gebracht.

Der Abend vor Werners Abreise. Wir hatten schon rechtzeitig unsere Kanzel an der Weiherwiese bezogen. Zeitiger als sonst. Sollte es am Ende doch noch klappen? Ich wünschte es mir so sehr für meinen Freund. Meine eigene Büchse hatte ich auch heute, wie immer in diesen Tagen, daheim gelassen. Denn der Werner wollte natürlich seine eigene, neue Bockbüchsflinte führen und gebührend einweihen.

Es war noch hellichter Tag, als ich ein im Wildbret geringes Reh über die Wiese anwechseln sah. Das musste der bestätigte Jahrling sein. Ich versetzte meinem Jungjäger einen leichten Rippenstoß und flüsterte: „Schau, jetzt kommt ein Böckerl, das könnte passen!" Mein Glas hatte ich vergessen, aber wie immer das Spektiv dabei. Ein kurzer Blick – „Herrschaftszeiten!" Es gab mir einen Ruck, dass mir beinahe das Spektiv aus der Hand gefallen wäre: Was ich da als „Böckerl" erblickte, das verschlug mir regelrecht den Atem.

Zwischen den Lusern starrte eine knuffige Krone, so eine hatte ich noch nie zuvor auf dem Haupt eines lebenden Bockes in Anblick bekommen. Im Vergleich zu dem schwachen Wildkörper wirkte dieses Gehörn noch wuchtiger. Wie hatte doch einmal ein alter erfahrener Grünrock zu mir gesagt? „Wenn du meinst, das Gehörn geht mit dem Bock spazieren, dann darfst du nicht lang zögern, dann ist es ein ganz Dicker!" Und genauso schaute der jetzt aus.

Sekundenlang rang ich mit mir: „Werner, sei mir nicht bös',

aber das ist kein Abschussbock für einen Anfänger, das ist ein Lebensbock!"

Werner verstand augenblicklich. „Komm, hier, nimm meine Büchse, der ist mir wahrlich zu dick!" Auch er hatte inzwischen den Heranwechselnden als ungewöhnlich stark angesprochen. Wie in Trance nahm ich seine Kombinierte, und Sekunden später versank der Starke nach einer Hochflucht in den dichten Brennesseln am Wiesenrand.

Ich kam wieder zur Besinnung. Und meine Gefühle waren mehr als zwiespältig.

„Ist das deine Art von jagdlicher Gastfreundschaft?" fragte ich mich. „Behandelt man so einen eingeladenen Freund?"

Mir fiel ein Stein vom Herzen, als der Werner sich überschwänglich mit mir freute, mir wie verrückt auf die Schulter haute und mit aufrichtigem „Waidmannsheil" bekundete, wie sehr er mir diesen Bock aus vollem Herzen gönnte. Jetzt erst konnte ich mich so richtig unbeschwert freuen.

Meine Freude kannte keine Grenzen, als wir dann am erlegten Bock standen. Nie hatten wir auf so etwas Außergewöhnliches gehofft. Umso mehr bewunderten wir ihn, diesen starken, zweifellos alten Bock, den nie einer hier je erschaut hatte. Er war wirklich eine totale Überraschung. Niemals messe ich meine Trophäen nach Punkten und Zentimetern. Aber eines sagt wohl genug: Dieser Rehbock war auf der alljährlichen Hegeschau mit Abstand der Stärkste des ganzen Landkreises. Und da wachsen, weiß Gott, gute Böcke.

Auf dieser Schau mit ihren Bewertungen und Medaillen bekam das Gwichtl eine Goldmedaille. Ein Mitjäger in diesem Revier hatte auf der gleichen Weiherwiese ebenfalls einen sehr starken Ausnahme-Bock erlegt, für den es eine Silbermedaille gab. Ganz enttäuscht kam der alte Herr, der ihn erlegt hatte, zu mir und beschwerte sich: „Wieso habe ich eine silberne und du eine goldene Medaille bekommen, wo doch der meine viel höher ist und viel längere Enden hat?" Um ihn zu trösten, nahm ich das goldene Anhängsel vom Gehörn meiner Trophäe, hängte es über die seine. Es bedeutet wohl manch einem sehr viel, wenn ein Blechschmuck dranhängt. Eine Trophäe ist mir ein sichtbarer Gegenstand zur Erinnerung an ein wunderbares Erlebnis. Wenn diese auch noch einen besonders herzerfreuenden Anblick bietet, das erhöht ohne Zweifel ihren Wert. Aber dazu ist für mich kein Edelmetall notwendig.

Zwei Jahre waren vergangen. Freund Werner hatte längst anderswo seine ersten Rehböcke erlegt. Aber auch jetzt war er ein Jäger geblieben, der sich immer noch über einen Knopfer freuen konnte.

Inzwischen war ich Mitpächter eines für seine herrliche Landschaft berühmten Allgäuer Hochgebirgs-Reviers geworden. In meinem ersten Pachtjahr bekam ich einen Bock in Anblick, der mir fast wie der Cramer-Klett'sche „Traum auf grünem Grund" erschien. Brandrot stand er in einer steilen Leiten, seine weißgezackte Krone prahlte hoch über seinem Haupt in der Sonne. Ein Jahr wollte ich ihm noch geben. Das einzige Risiko war, wie es halt bei allem Wild der Fall ist, dass es ein anderer Jäger schon vorher erlegte. Doch sei's drum, man soll ja auch eine möglichst reine Freude an einer reifen Trophäe haben. Ich hoffte auf den Schutz der Waldgeister. Zudem kam in diesem Revier dem Rehwild keine besondere Bedeutung zu, es ging allen Jägern hauptsächlich um Hirsch und Gams. Wenn dieser Hochgezackte aber den kommenden Winter überlebte, dann wollte ich den Freund einladen und ihm mit der Erlegung dieses Bergbockes alles, was ich ihm schuldig zu sein meinte, mit Zins und Zinseszins zurückzahlen.

Werner kam Mitte Juni. Die Rehe trugen jetzt die rote Sommerdecke und waren nach einem langen, schneereichen Winter noch nicht allzu heimlich geworden. Schon beim zweiten Ansitz zog der Starke, dessen Gehörn in diesem Jahr etwas an Höhe verloren, dafür aber an Masse zugelegt hatte, auf knappe achtzig Gänge aus den Hirschholunderstauden quer zum Berghang.

Genüsslich äste er an den jungen Trieben. Mit dem Kinn wies ich stumm in seine Richtung. Werner zuckte nur mit den Achseln:

„Wo denn?" Ich deutete vorsichtig mit dem Finger auf den „brettlbreit" Dastehenden.

„Bitte, Gerd, wo denn? Ich kann ihn nicht sehen!"

Der verzweifelte Freund sah ihn wahrhaftig nicht und stammelte nur: „Ich bin doch rotgrünblind. Habe ich dir das nicht schon mal gesagt?"

Sicherlich hatte ich gehört, dass solche Autofahrer an den Verkehrsampeln darauf achten müssen, wo jetzt das Licht aufleuchtet, aber Werner? Und jetzt? Ausgerechnet jetzt!

Der Brandrote war inzwischen im dichten Bewuchs verschwunden. Würde er wiederkommen? Und wo? Ich war ganz aus dem Häusl. Hoffentlich tut er sich jetzt nicht zur geruhsamen Siesta und zum Wiederkäuen nieder, bis es finster ist. Doch nach einer halben Stunde entdeckte ich im dichten Staudendschungel ein Stückchen rote Rehdecke. Bald zeigte sich's, er war es und er zog auf knappe 150 Schritt bergan.

Mein Unglücksrabe sah ihn wieder nicht. Der Starke stand jetzt völlig frei im Abendlicht. Ich konnte machen, was ich wollte, deuten, weisen, zeigen; alles half nichts. Er sah ihn einfach nicht.

Jetzt resignierte er: „Bitte, schieß du ihn, bevor er weg ist!"

„Nein, nein, mein Lieber, das kommt nicht in Frage, diesmal ganz bestimmt nicht!"

Der Bock war weitergezogen, bergwärts über die Zweihundertmeter-Entfernung hinaus. Längst zu weit für einen sicheren Schuss aus der 9,3 x 64 meines Freundes. Dann war er wieder untergetaucht. Enttäuschung, tiefe Enttäuschung. Doch urplötzlich war er wieder da. Kam aus einer Weißerlenstaude, zog nun über ein Felsband auf ein Latschenfeld zu. Jetzt hob sich seine rote Decke leuchtend hell vor dem dunklen Hintergrund der Krummholzkiefern ab. Auch die Schussentfernung musste noch passen. Werner sollte doch noch mal ganz genau hinschauen, jetzt musste er ihn einfach sehen. Verzweifelt machte ich die Augen zu, ich konnte es einfach nicht mehr ertragen. „Jetzt", es riss mich hoch, „jetzt sehe ich ihn", tönte es triumphierend neben mir.

Erleichtert drückte ich dem Freund meine Kipplaufbüchse im Kaliber 243 in die Hand: „Nur Mitte Blatt halten! Vorsicht, der Stecher geht ganz fein!"

Hell peitschte der Schuss hinaus, und bevor uns das rollende Echo erreichte, warf es den Bock dort droben von den Läufen. Ich hätte jubeln können.

Gemächlich stiegen wir nach angemessener Zeit hinauf. Mein Schweißhund wusste längst Bescheid, wo wir in dem Gewirr von Felsbrocken und Stauden suchen sollten – der Wind zog seit langem bergab.

Unsere Gefühle waren voller Überschwang, tiefer Freude und Dankbarkeit, dass alles so glücklich abgelaufen war. Der Kreis hatte sich geschlossen. Wohl eine genussvolle Stunde saßen wir bis zur beginnenden Dämmerung bei unserer gemeinsamen Beute und schauten dem Rauch unserer Virginias nach.

Dieser Starke freute mich weit mehr, als wenn ich ihn selber erlegt hätte. Ich gönnte ihn dem Werner von Herzen, so wie er mir damals den Meinen gegönnt hatte. Und ich war endlich mein schlechtes Gewissen los.

Nach dem großen Schnee

Drei Tage lang schneite es ununterbrochen. Die Gipfel verhüllten sich. Jegliche Form von Baum, Strauch und Fels rundete sich weich im dicken Schneegewand. Die Gamsbrunft war schon vorbei. Aber ich wollte mir noch einen Bock oder eine einschichtige, alte Gais holen. Doch, wie immer nach ergiebigem Schneefall, blieben die Gams die ersten Tage danach unsichtbar. Nicht eine verräterische Fährte zog sich in der Höhe durch den Neuschnee. Seit urdenklich vielen Generationen ist es bei den Gams der überlebenswichtige Brauch, erst abzuwarten, bis sich die weiße Pracht gesetzt hat. Wenn man aber geduldig die Hänge abglast, kann man mit Glück und Ausdauer den einen oder anderen Gamsgrind unter einer Wetterfichte oder einem Felsüberhang ausmachen. Also heißt es abwarten, denn, wie fast immer, bringt ausdauernde Geduld dem Jäger den Erfolg. Nach zwei, drei Tagen sieht man dann die Schwarzen wieder ihre Fährte ziehen. Oftmals bis hinauf zu den Graten, wo der Wind den Schnee weggeblasen hat.

Einen Gams habe ich noch frei. Also packen wir es an. Der Jäger Bernhard hat für heute eine besonders feine Gamsbirsch für uns geplant. Bis ganz zum Talschluss „hintre", von dort aus geht's hinauf. Doch so weit können wir heute nicht fahren, trotz der vier Ketten auf unserem Suzuki. Der Schnee wächst mit jedem Höhenmeter, bald sitzt der Wagen auf. Aussteigen. Wir stapfen weiter auf der tief verschneiten Talstraße, bis unser Steig bergan beginnt. Jetzt wandern Joppe, Strickjanker und Flanellhemd in den Rucksack. Solange man in Bewegung bleibt, genügt das vielverlachte grüne Jäger-Unterhemd. Wir müssen ganz hoch hinauf. Droben in der baumlosen Felsregion sehen wir an die vierzig kleine, schwarze Punkte. Alle Gams sind nach dem großen Schnee wieder auf den Läufen. Der Himmel ist blitzblau. Wenn die Sonne höher steigt, wird es warm werden. Wir müssen die Gams wegen des stetig bergauf ziehenden Windes überhöhen und von oben her die einzelnen Scharl nach einem jagdbaren Stück abspekulieren. In den windverblasenen Gräben waten wir bis zum Bauch im lockeren Pulverschnee. Unsere beiden Schweißhunde pflügen hinter uns drein. Nur froh bin ich, dass der Bernhard spurt. Er, der hier aufgewachsen ist, kennt jeden Steig, jeden Baum, jeden Fels. Vor allem kennt er sein Wild wie kein Zweiter. In den tieferen Lagen spürt sich kein einzelner Gams. Nur vereinzelt eine Rotwildfährte. Es gibt immer Stücke, die lange nicht zu den Fütterungen ziehen mögen. Es gibt unter dem Wild Individualisten, die, wie es das auch bei uns Menschen gibt, die Menge meiden.

Der Aufstieg zu unserem Ziel dauert heute doppelt so lange wie im Sommer. Wir dampfen aus allen Poren. Unter uns, tief in ihren Bauen vergraben, schlafen die Murmele. Sie sind hier so zahlreich und fleißig mit dem Graben immer neuer Baue, dass die Alp-Bauern dringend gefordert haben, es möchten doch ein paar erlegt werden. Ihre Kühe geraten in Gefahr, sich die Haxen zu brechen, wenn sie in einen Bau hineintappen. Das Ansuchen, zwei zur Beruhigung der Gemüter zu erlegen, war fast schon genehmigt, in letzter Minute aber wieder abgelehnt worden. Da griffen die Bauern zur Selbsthilfe. Als sich unter einer Alp-Hütte sechs Murmel im Keller gefangen hatten, wurden sie alle von den Hirten erschlagen. War dies nun die bessere Lösung, als einem Jäger Jagdfreude und Ernte zu gönnen?

Etwa drei Stunden sind wir gestiegen und müssen bald die ersten Gams in Anblick bekommen. Die Einsamkeit hier droben ist ein glückseliger Genuss. Keine Menschenseele im Umkreis von vielen Kilometern. Wir können uns Zeit lassen, der Wind geht verlässlich bergauf. Wir müssen uns wieder warm anziehen, bevor wir über die Schneid in den Hoch-Kessel lugen können. Wie neu geboren fühle ich mich, nachdem ich mich zum Grausen von

Bernhard mit Schnee abgerieben habe und in ein trockenes, warmes Hemd geschlüpft bin.

Da donnert das Verhängnis herbei. Über den Bergkamm knattern unter ohrenbetäubendem Getöse zwei Hubschrauber heran. Sie kreisen, Schneewolken aufwirbelnd, niedrig über uns. Dann üben sie Starten und Landen in unserem Hoch-Kessel. Die Gams stürzen in kopfloser Flucht davon. Fort, nur fort! Kitze werden von ihren Müttern getrennt – das Rudel ist in alle Winde versprengt. Unsere tapferen Vaterlandsverteidiger haben an der haltlosen Flucht des armen Wildes offenbar die höchste Freude. Vielleicht haben sie auch in der Presse gelesen, dass dies die neuen Staatsfeinde sind, die die Berge kahlfressen. Eine Maschine umkreist uns in niedriger Höhe, der Pilot grinst auf uns herab. Der Bernhard streckt in ohnmächtiger Wut seine Faust dem stählernen Ungeheuer entgegen. Dafür zeigt uns der Pilot seinen erhobenen Mittelfinger. Grüßen jetzt die Piloten so?

Dann, nach mehrmaligen Start-Landen-Übungen knattern die Helden wieder talaus davon.

Alle Gams weit und breit sind fort. Nur oben, unter der Schneid, steht in einer Felsnische eine Gais. Ihr Kitz drängt sich Schutz suchend an sie.

Wir versuchen, so gut es geht, unseren Ärger hinunterzuschlucken. Abgesehen davon, dass hier unschuldige Kreatur sinnlos verängstigt wurde, haben wir einen Aufstieg von vier Stunden umsonst gemacht. Wir können grad' wieder heimstapfen.

Wir wählen einen anderen Rückweg, denn nun ist eine Umgehung eines Wildes nicht mehr notwendig. Wir rasten, letzte Umschau haltend, an der großen Alpen-Vereins-Hütte. Sommers, und vor allem im Herbst findet hier ein gewaltiger Rummel statt. Doch die „Juhu-Schreie" der grell gewandeten „Touris" stören die Gams wenig, solange diese Naturfreunde auf den Wanderwegen bleiben. Jetzt liegt das große Haus verlassen da, auch die munteren Bergdohlen haben sich zu den Skistationen verzogen.

Wir steigen ab. Bald haben wir die Gipfelregion der Schafalpenköpfe verlassen. Mit den Bergstecken bremsend, schlitteln wir, wie auf Skiern abfahrend, die verschneiten, steilen Grashänge hinab. Wieder einmal verhaltend, entdecken wir etwa 200 m unter uns zwei Gams. Sie liegen in der Ruhe auf einem überschneiten Felsköpferl. In einer Mulde finden wir Deckung. Spektiv heraus. Es zeigt zwei Böcke, mittelalt, etwa vierjährig, eng gestellt. Der linke ist schlecht gehakelt. Den will ich mir holen. Doch vorerst liegen sie niedergetan in behäbiger, wiederkäuender Ruhe. Das animiert auch uns zum Brotzeiten. Die Hunde bekommen ihren Anteil. Die Sonne scheint uns wohltuend warm auf den Buckel. Meine Kipplauf-Büchse liegt auf dem Rucksack auf einer Schneemauer bereit. Die Herren Gamsböck' brauchen nur ihre Siesta zu beenden. So genießen wir die wieder erlangte Einsamkeit in der großen Stille. Nach einer Dreiviertelstunde werden die Gams hoch. Als der linke breitstehend sein Blatt zeigt, peitscht der Schuss hinaus. Es wirft ihn von seinem Auslug, während der andere mit gespreiztem Spiegel davonstelzt. Nach kurzer Pause – zusammengepackt und hinunter. Aber hinter dem Köpferl – wo es ihn hingeworfen hatte – kein Bock. Viel Schweiß, eine tief gepflügte Fluchtfährte hinein in ein kleines Latschenfeld. Wir sehen, dass dieser Zufluchtsort im Durchmesser von etwa 40 m nur von der Bergseite her begehbar ist. Zur Talseite hin bricht direkt dahinter eine Steilwand 60 m senkrecht in die Tiefe.

Ich lege meine junge Schweißhündin beim Anschuss auf dem Rucksack ab und folge der roten Bahn. Ich krieche durch die Latschen und schaue bald wie ein Schneemann aus. Die Fährte führt mich bis kurz vor den Steilabsturz. Da sehe ich den Bock direkt vor mir. Er drückt sich schwerkrank an eine Latschenwurzel. Ich achte nicht darauf, wo ich mich befinde, will nur schnellstens das Wild erlösen. Der Schuss auf den Träger lässt ihn im Schall verenden. Jetzt erst werde ich gewahr, dass links neben mir – ein Fuß ragt schon hinaus – die schaurige Tiefe gähnt. An Latschenästen ziehe ich mich hinauf und will, die Büchse weglehnend, den Gams packen. Da gleitet er, ein letztes Mal sich streckend, auf den Abgrund zu. Gleitet drüber hinaus, fällt – fällt – fällt. Unten sehe ich ihn auf einer steilen Riese aufschlagen, es wirft ihn hoch, nochmals und nochmals. „Au weh", denke ich, „das Wildbret und die Krucken kannst du vergessen!" Ausgerechnet dort unten war der weiche, tiefe Neuschnee, der den Fall gebremst hätte, in einer Lawine abgegangen.

Zurück bei Hund und Rucksack schaut mich meine Silva fragend an, als ich ohne Wild zurückkomme. Ich rufe den Bernhard ab, der sich auf der anderen Seite vor die Latschen gestellt hatte, und berichte ihm das Vorgefallene.

Wir müssen hinunter, den Rest-Bock aufklauben. Der Abstieg ist ein „Leckerbissen". Eine steile Rinne, im Allgäu „Kenndl" genannt, führt an der Flanke des Felsturms zu den Schotterriesen, die bis ins Tal hinabreichen. Drunten angekommen, schauen wir uns dumm an. Hier ist jedenfalls nicht die Rinne, auf der der Gams aufgeschlagen ist. Welche Rinne war es nur? Wir versuchen, zur Nachbarrinne zu gelangen, es ist aussichtslos. Durch die stubenhohen, tiefverschneiten Latschen durchzukommen – keine Chance. Schon drängt die Dämmerung zum endgültigen Abstieg.

Am nächsten Tag wollen wir vom gegenüberliegenden Berghang genau den Latschenkopf ausmachen, von dem der Bock abgestürzt ist. Es sind hier eine Reihe basteiartiger Felstürme ähnlicher Gestalt nebeneinander. Ein jeder ist von Latschen bekrönt.

Anderntags war es nicht schwer, den Absturzort und den Erlegten auszumachen. Gerade fiel ein Adler ein, um sich sein Recht zu holen. Bald waren wir drüben. Die Krucken waren wunderbarerweise fast unversehrt. Nur vom rechten Schlauch war der Hakl abgebrochen. Der Bart war zwar jetzt am kalten Wild schwer zu rupfen, aber lang, mit reichlich Haar und mit herrlichem Reif.

Das Wildbret jedoch blieb als Opfer für Adler und Bergfüchse.

Im frühen Winter

In jenem Jahr kam der Winter zu Beginn der Gamsbrunft mit Unmengen von Schnee. Das weiße Leintuch sollte bis weit ins Frühjahr hinein auch noch im Tal liegen bleiben. Sonst war es meist so, dass vor Weihnachten die ganze Pracht wieder dahingeschmolzen war. Unsere Bauern pflegten dann zu sagen: „Jetzt hot er hi´gschmiss´n." Was besagen will, dass der Winter aufgegeben hat.

Ich hatte derzeit im Salzburger Lungau einen kleinen Gamsabschuss gepachtet und es waren Anfang Dezember noch etliche Stücke frei.

Normalerweise sollte der Hochgebirgsjäger bei so viel Schnee im Tal bleiben, aber einem jungen Jäger mit heißem Blut war das nur eine willkommene Herausforderung.

Bei meiner Ankunft im Revier machte der Winter eine kleine Pause. Ein Tief brachte Warmluft und Regen, die weiße Pracht schmolz zusammen. So verbrachte ich den ersten Tag mit dem Jäger Hans, dem Freund und Begleiter vieler herrlicher Gamspirschen. Wir schmiedeten Pläne für die kommenden Tage, denn der Wetterbericht verhieß wieder klaren Himmel. Nächstentags wollten wir erst gemeinsam spekulieren, wo die Gams stehen, und dann getrennt, jeder auf einer anderen Talseite, unser Waidmannsheil suchen. Der Hans war mehr auf Kahlwild aus, auf seine, wie er sagte „Wuidbrater". Mein Sinnen und Trachten galt einer geradezu legendären, alten Kohlgais, die sich, kitzlos, seit Jahren unerreichbar, nur von der Ferne begehrlich anschauen ließ.

Am Abend klarte es auf und es wurde bitter kalt. Bevor wir uns am nächsten Morgen auf den Weg machten, beschlossen wir, die Skier daheim zu lassen. Es hatte sich durch den strengen Frost der Nacht eine wunderbar tragende Harschdecke gebildet. Wir konnten bequem wie auf einer glatten Landstraße dahingehen. Die eisenbeschlagenen Bergschuhe gaben sicheren Halt. Bald hatten wir den Punkt erreicht, wo wir uns trennten, und jeder nahm seine zuvor ausgemachte Bergseite an.

Vereinzelte Scharl Gams kamen schon in Anblick, aber hier am Talbeginn brauchte ich die alte, heimliche Kohlgais noch nicht zu suchen. Doch allzu sicher sollte man sich nie sein und so wurden alle Gams sorgfältig begutachtet, denn ein passender Bock wäre auch nicht grad verkehrt.

Es ließ sich spielend leicht vorankommen, und bald sah ich in Richtung Talschluss das große Gamsrudel, dem sich die Alte im Schutz vieler wachsamer Lichter gerne zugesellte. Mühelos kam ich in der Überriegelung auf Schussnähe an das Rudel heran. In der Deckung eines von Latschen umwachsenen Felsblockes ließ ich mich erst einmal in Ruhe zum Verschnaufen nieder. Vorsichtig spähte ich von meinem Auslug. Da standen und ruhten gezählte 38 Gams.

Ein herrlicher Anblick, welch ein Bild: kohlschwarz auf leuchtendem Weiß. Mit ihren Schalen schlugen sie im steilen Hang den Schnee weg, um an die Gräser des Sommers zu gelangen. Ständig rieselte und rauschte der losgeschlagene Schnee zu Tal über die gefrorene Harschdecke. Harte Zeit für hartes Wild. Viel Muße hatte ich, die Gams sondierend anzuschauen. Lauter Kitzgaisen, weder die gesuchte Kohlgais noch ein Bock dabei. Sollte die Brunft schon vorbei sein? Nun, ich hatte ja keine Eile, konnte warten, vielleicht tauchte doch noch ein Suchender auf.

Herrlich warm wurde es in der langsam höher kommenden Sonne. Ganz in der Nähe ließ sich knarrend ein Schneehahndl hören. Am Himmel zeigten sich längliche Fahnen von Schleierwolken. Föhnwolken. Jeden Tag ein anderes Wetter. Eine struppige Gais fiel mir auf, sie stand ein wenig abseits. Im Haar noch recht braun und auch das Kitz war im Vergleich mit den anderen, die sich immer wieder übermütig jagten, wesentlich schwächer.

Da gab es kein Überlegen. Vergessen die alte Kohlgais, vergessen der Bartbock. Die zwei dort würden den bevorstehenden Winter kaum überleben.

Das Kitz sank auf den Schuss verlöscht in eine Schneewanne. Schnell eine neue Patrone in den Lauf! Sekunden später schlitterte die Gais, durch beide Blätter geschossen, zu Tal.

Das Rudel zog mit gespreizten Spiegeln weiter bergauf, nicht flüchtig, denn der Mensch zeigte sich nicht. Im Gebirg kracht und knallt es ja oft aus natürlichen Ursachen und wenn die Verbindung zum Todfeind fehlt, kommt das Wild bald wieder zur Ruhe.

Erst einmal machte ich ausgiebig Brotzeit, freute mich der herrlichen Bergwelt, der gerecht erlegten Beute und wärmte mich hemdsärmelig in den Sonnenstrahlen. Als ich dann die beiden zum Versorgen holte, begleitet vom Klongen der Kolkraben, fauchte ein erster Stoß heißen Föhnwindes von den Bergkämmen. Sonderbares Wetter! Gestern Regen, dann strenger Frost und jetzt solch eine Wärme.

Ich hing die beiden Gams zum Ausschweißen an eine Zirbe. Dabei brach ich immer wieder durch die Harschdecke, die jetzt langsam weich wurde. Und dachte nicht daran, wie der Heimweg sein würde, zu schön war es hier heroben in der glückseligen Einsamkeit. Nach einem Stünderl, begleitet vom Knarren der Schneehühner und den wartenden Rufen der Wotansvögel, packte ich meine Siebensachen zusammen und wollte schön gemütlich mit meiner doppelten Beute heimwärts ziehen. Doch was war das? Bei jedem Schritt brach ich bis über die Knie ein. Noch trug der Schnee die beiden Gams, die ich am Strick hinter mir her schleppte.

Doch je weiter ich mich ins Tal kämpfte, gruben sich die zwei in den immer weicher werdenden Schnee. Bald war ich total außer Atem, schweißnass und verfluchte mich: Warum bin ich ohne Skier oder Schneeschuhe gegangen! All das hing brav daheim. Der Hans, weiß Gott wo, also musste ich alles allein ausbaden. Der Gedanke, die Gams irgendwo zu hinterlassen, wurde verworfen, denn Bergfüchse lassen sich zwar abhalten, aber Raben und Adler sind hemmungslos und bald würden nicht nur zwei Schnäbel am Werk sein.

Dieser Heimweg hatte es in sich. Die Spielerei des Aufstiegs kehrte sich in höllische Schinderei um. Sieben saure Stunden Plackerei und Stapferei wollten kein Ende nehmen. Außer Atem musste ich oft und oft rasten, und den Hemdwechsel hätte ich mir schenken können, denn auch das Reservehemd war im Nu nass zum Auswinden.

In tiefer Dämmerung kam mir der besorgte Hans entgegen und übernahm, dankbar von mir begrüßt, das Schleppen des Wildes.

Der nächste Tag galt ganz der Erholung und dem Abkochen und Herrichten der Krucken, doch am Abend hatten wir schon wieder gründlichen Wetterwechsel – der Föhn war zusammengebrochen.

Bei erneuter Kälte schneite es wieder und wieder, sodass ich beschloss, mich nur am Grunde des Hochtals ein wenig umzuschauen. Diesmal spurte ich auf Skiern talein, durch den weichen, im Flockenwirbel ständig wachsenden Neuschnee. Nach etwa einer Stunde schweißtreibenden Steigens verließ ich den mich bisher begleitenden Lärchenwald. Ab hier hat man bei klarem Wetter den ersten Ausblick in das enge Tal im Saum von kirchendachsteilen Hängen bis zu atemberaubend wildschönen Dreitausendern. Keine Fährte zeigte sich, was mich auch nicht wunderte, denn immer neue Schneeschauer löschten alle Lebenszeichen aus. Die warme Joppe wanderte in den Rucksack, denn das Vorankommen wurde immer beschwerlicher. Vereinzelte, wetterzerzauste Lärchen säumten die unteren Hanglagen. Ich wollte mich nur noch bis zum nächsten Sattel weiterkämpfen, dann war eine Pause zum Verschnaufen und Spekulieren fällig. Wo im Sommer ein Tor des Weidezauns den Weg begrenzt, war jetzt nicht mehr die kleinste Erhebung zu ahnen, so hoch lag hier der Schnee. Und immer neue Massen warf es vom Himmel, ein Wind kam auf und meine Spur war gleich hinter mir wie von Geisterhand ausgelöscht.

An einem mehrhundertjährigen Lärchbaum gönnte ich mir einen Schluck heißen Tees und glaste die Hänge ab. Weit konnte ich in dem weißen Gewirbel nicht schauen, doch bald blieb mein Blick an einem schwarzen Punkt im Flockentanz hängen.

Das Spektiv zeigte mir ein einzelnes Gams, niedergetan unter einem Felsüberhang. Es war eine offenbar ältere Gais, zudem ein Kohlgams, jedoch nicht jene lang Gesuchte. Die hier war weit geringer. Diese Farbspielart, der Grind ohne die weißen Zügel, war in diesem Gebiet gar nicht so wunderselten. Doch erst hieß es warten, bis sie hoch wird, ob sich dann nicht noch ein Kitz zeigt. Eine lange Stunde ließ sie sich wiederkäuend Zeit, bis sie sich, den Schnee aus der Decke schüttelnd, erhob. Langsam zog sie zu ein paar aus dem Schnee ragenden Haselsträuchern – und sie blieb allein.

Es war kein allzu schwerer Schuss, knapp 150 m steil bergauf. Der Knall, dumpf vom Schnee verschluckt, war kaum zu hören.

Die Schwarze dort droben war im weichen Schneebett versunken.

„Bitte", dachte ich, „schlegle doch noch ein wenig und fahr´ab in die Tiefe!" Aber den Gefallen tat sie mir nicht.

Zwischenzeitlich hatte es aufgehört zu schneien und ein Blick zu den Graten zeigte mir, dass dort droben der Sturm tobte. Und noch etwas entdeckte ich, was mir einen heißen Schrecken einjagte: Genau oberhalb meiner weich gebetteten Beute wuchs eine ungeheure Schneewächte drohend über den Kamm hinaus. Es war nur eine Frage der Zeit, wie lange sie noch hielt, um dann, eine gewaltige Staublawine auslösend, alles erstickend, talwärts zu rauschen.

Auf! Jetzt nicht gezögert und die Gais geborgen! Skier, Rucksack, Büchse, Wetterfleck, alles brachte ich gut hundert Meter aus der Lawinenbahn. Dann wollte ich, von der Seite her kommend, das Gams holen.

Und nun kam des Jägers Buße.

Der Schnee ging mir bis zum Bauch, ja teilweise bis zur Brust. Ein Schritt vor, ein Schritt zurück. Bald kochte, dampfte, sott ich. Wieso musste ich auch bei diesem Wetter in den Berg? Weiter! Weiter! Denn droben dräute der weiße Tod. Um es kurz zu machen, ich brauchte Fünfviertelstunden, bis ich endlich meine Beute aus dem Schnee graben konnte.

Doch zum Verweilen, zur beglückenden Rast beim erlegten Wild war jetzt nicht die Zeit. Ein besorgter Blick nach der dräuend gewachsenen Wächte machte mir Beine. Nur fort von hier, fort aus der Gefahrenzone des Schneetods! Eiligst schleppte ich die ständig im weichen Schnee versinkende Altgais seitab, bis ein steiler Graben Halt gebot. Diese blauschimmernde Eisrinne erschien mir als Rutschbahn für das Wild gerade recht. In einer weißen Staubwolke verschwand es lautlos in der Tiefe. Seitlich der Rinne nachsteigend, hoffte ich, die Gais bei meinen Siebensachen drunten angekommen zu sehen. Doch heute war es schon wirklich verhext! Auf ihrer Talfahrt blieb sie mit den Krucken an einem Ast, den die Schneelast über den Graben hingedrückt hatte, hängen.

In das Eis hinein, um das Wild herauszuholen – nein, das durfte ich ohne Steigeisen nicht wagen. Aber Seil, Eisen und was der Bergjäger sonst noch so braucht waren drunten im Rucksack. Ich versuchte, den Ast durch Schaukeln zu bewegen. Zwecklos. Wenn ich doch nur den Schrotlauf meiner Büchsflinte hätte! Den armdicken Prügel, den könnte ich leicht abschießen. Mir blieb nur mein Nicker. Mit dem säbelte ich unten am Stamm den zähen Haselstecken in mühevoller Schnitzarbeit ab. Endlich neigte er sich, gab die Kruckenhakel frei und das Gams schoss in dem steilen Eiskanal wie in einer Bobbahn zu Tal. Fast am Weg unten sah ich es seine Fahrt beenden. Bald war ich bei meiner Beute und nun kam´s noch einmal dick: Ein Schlauch war abgeschlagen. Das hätte ich mir eigentlich denken können. Doch hernach ist jeder gescheiter. Mein anfänglicher Ärger wich bald der stillen Freude, den grimmigen Naturgewalten getrotzt zu haben.

Jetzt konnte ich mich meiner besonderen Jagdbeute widmen. Sechzehn Jahresringe zeigte die bleistiftdünne Krucke. Zudem war die Altgais reichlich abgekommen. Scharf und spitz stach ihr Rückgrat aus der mattschwarzen Decke. Nur noch „Haut und

Boaner", wie man bei uns sagt. Da waren Pulver und Blei dem „Großen Jäger" gerade noch zuvorgekommen.

Heißer Tee, würziger Lungauer Speck und zur Feier des Tages ein kräftiger Schluck Enzian machten meine Glückseligkeit vollkommen.

Die ersten Sterne und das Blauen der Dämmerung mahnten zur Heimkehr.

Anderntags, als ich nochmals bei strahlendem Sonnenschein weiter ins Tal hinein wollte, versperrte eine gewaltige Lawine mit Bäumen und Felsbrocken das Durchkommen.

Die Natur rief mir ein Halt! zu und ich verstand.

Im Frühjahr des nächsten Jahres war ich zur Hahnfalz wieder im Tal. Ich schaute mit wenig Hoffnung, nur eben so in den jetzt vom Eise befreiten, von Mehlprimeln, Schusternagerln und Krokussen gesäumten Graben. Schon nach den ersten Schritten machte mein Herz einen freudigen Hupfer, da lag ja der abge-schlagene Schlauch! Vom Schmelzwasser herabgeschwemmt, ein wenig ausgebleicht – doch nein, beim näheren Hinschauen konnte er es nicht sein. Er gehörte einwandfrei zu einer jüngeren Gais-krucke, doch nicht zu der meinigen. Wer weiß, vielleicht war es gar ein Opfer jener Lawine. Ich nahm dennoch dankbar das Geschenk der Berggeister an und steckte es daheim auf den leeren Stirnzapfen der einschlauchigen Trophäe.

Zwei Gamsschicksale – jetzt vereint.

Der Butsch

Als junger Bergjäger war ich oft im Lungauer Maria Pfarr beim Tierarzt Dr. Noggler zu Gast.

Wenn ich dann bei Wind und Wetter, bei Schneetreiben oder Schnürlregen zum Gamsjagern ausrückte, schüttelte der alte Herr unwillig sein kahles Haupt: „Geh' nur grad alloans, dees taugt mir net! Und, Bua, aans muasst dir merken: S' Jagern muass oiwei lustig sein!"

Das „lustig sein" heißt bei mir, das Jagern muss Stimmung haben und die Gesellschaft, wenn es denn eine sein muss, soll harmonisch zusammenpassen. Unter diesen Voraussetzungen ist mir das Jagen „höchste Lust auf Erden". Das Wetter spielt da eine untergeordnete Rolle. Auch ein verregneter Ansitz kann auf seine Art stimmungsvoll sein.

Doch die wahrhaft furiosen Glanzstücke im bunten Reigen des Jagdjahres sind für mich Gamsbrunft und die hohe Zeit der Hirsche. Während die Jagd auf die wilden schwarzen Zottelteufel im stäubenden Schnee dem Jäger nur zu oft seine körperlichen Grenzen aufzeigt, so liegt über dem Geschehen um die Hirschbrunft eine geheimnisvolle Dramatik.

Von frühester Jugend an erschien mir die Jagd auf den Allgäuer Berghirsch in der Brunft als der absolute Höhepunkt allen hirschjägerischen Geschehens. Ich denke, jeder hat so seine jagdlichen Schlüsselerlebnisse, die ihn auf diesen oder jenen Pfad weisen. Bei mir liegen sie weit in der Kindheit zurück. Es war ein Besuch bei einem jener legendären alten Jäger, die eisenhart, noch ohne Geländewagen, kilometerweite Wege allein nur bis ins Revier auf sich nehmen mussten. Da stand ich offenen Mundes und bestaunte die knorrigen, rußschwarzen bis obenhin rau geperlten Geweihe der zwar nicht endenstrotzenden, aber unglaublich starkstangigen Allgäuer Berghirsche.

Durch glückliche Umstände wurde ich Teilhaber an einem der schönsten und größten Bergreviere des Oberallgäus mit einem damals noch guten, aber keineswegs überzähligen Wildbestand. Mir stand in jedem zweiten Jahr die Erlegung eines Erntehirsches zu, falls nicht – wie es schon oft geschehen war – durch Absturz, Steinschlag, Lawinentod oder einem tödlichen Zweikampf die Zahl der „Einser" verringert wurde.

In jenem glücklichen Jahr, es liegt noch gar nicht so lange zurück, hatte ich mir wie stets die „heiligen Wochen" rechtzeitig von allen störenden Terminen frei gehalten. Immer nach dem alten Grundsatz: In der Hirschbrunft darf weder geheiratet noch gestorben werden!

Ich war vorerst „nur" als aktiver Beobachter vorgesehen, denn den diesjährigen Erntehirsch sollte mein Freund erlegen. Die mir zustehenden „Dreier" und IIb-Hirsche durften nur außerhalb der Brunft bejagt und erlegt werden, es sei denn, die „Einser" wären schon alle gefallen.

Das von Zweieinhalbtausendern und noch höheren Bergen gesäumte Tal empfing uns mit Dauerregen. Tief herab hingen die wasserschweren Wolken. Der „pfludrige" Wind blies alle naslang aus einer anderen Richtung. Trotz aller Misserfolge und anblickarmer Stunden blieben die Tage unvergessen, da Herr und Hund in Regen und Nebel ausharrten und auf bessere Sicht hofften. Selber tropfnass wie die Latschen, hier Düfer genannt, hockten wir beide unter meinem Lodenkotzen am Steig, als einmal ein Spielhahn, trübselig die zusammengefalteten Sicheln hinter sich herschleifend, bei strömenden Wassergüssen auf 2 m Entfernung an uns vorbeimarschierte. „Düfer" oder verhochdeutscht „Taufer" heißen die Latschen wohl deswegen, weil dann, wenn man sie bei Regen durchqueren möchte, von ihnen getauft wird.

Die Abende sahen uns in der holzgetäfelten Stube des alten Jagdhauses am klobigen Ahorntisch, die Wände rings umher starrend von Krucken und Kronen. Die gesamte Jägerei kam da allabendlich zusammen, um das Erschaute zu berichten, gemütlich zu brotzeiten, zu trinken, Geweihe aufzuzeichnen und in vorgerückter Stunde immer wildere Geschichten ruhmreicher Taten aufzutischen. Hin und wieder stampfte die ganze Gesellschaft mit Gepolter die knarrende Holzstiege zur Tenne hinauf. Dort lagen, sauber nach Jahren ausgerichtet, die Abwürfe der guten und reifen „Horner". Hier hielt ich auch, andächtig staunend, die klobigen Vierzehner-Stangen jenes Hirsches in Händen, den mein Freund heuer erlegen sollte.

Seit Jahren versuchte die Jägerei den Heimlichen vor die Büchse zu bekommen. Er hieß nur „der Butsch". Woher der Name kam, wird im Dunkeln bleiben, vielleicht hat ihn als Erster ein Hirte gleichen Namens entdeckt und der Jägerei verraten. Wer weiß? Auch in diesem Jahr schien es, als hielten seine Schutzgeister die tarnende Nebelkappe über ihn. Alle Listen und Mühen, ihn wenigstens in Anblick zu bekommen, waren vergeblich. Sein Einstand, aus dem man ihn fleißig melden hörte, war ein unüberschaubar großes Latschenfeld am Taufersberg, oder auf gut allgäuerisch, dem „Düfersbearg". Dieser Einstand war uneinnehmbar, denn jedes Eindringen wäre sinnlos und hätte zudem das Wild für die ganze Brunft restlos vergrämt.

So musste denn der Freund mit blankem Büchslauf wieder abreisen. Er konnte dem eingangs erwähnten „alten Grundsatz" nicht folgen. So hieß dann der Schiedsspruch: „Auf geht's, Gerd, du bist dran, schau, dass d'n kriegst!"

Mit dieser, meine Pulse beschleunigenden Wende des Schicksals ging auch die Wende des Wetters einher. In der Höhe ging der Regen in Schnee über und gegen Mittag klarte es auf. Bald strahlten die Gipfel mit ihren berüchtigt steilen Grashängen unter blitzblauem Himmel im frischen Schneegewand. Jetzt war die Gelegenheit gekommen, vom jenseitigen Berg den Einstand des „Alten vom Taufersberg" zu beobachten. Ohne zu wissen, wo in dem Latschenmeer er mit seinem Kahlwild stand, war es sinnlos, in aller Herrgottsfrühe auf den Berg zu springen und auf gut Glück irgendwo zu passen.

Schon zeitig, die milde Nachmittagssonne wärmte uns wohlig nach den klammen Regentagen, bezogen wir unseren Ausguck auf „Peters Älpele". Dieser Platz liegt ein wenig unterhalb des Taufersberges und bis zum Gegenhang sind es in der Luftlinie etwa 700 m. Bernhard, der Berufsjäger, und ich, richteten uns bequem mit unseren aufgelegten Spektiven ein, um uns keine Bewegung in dem von kleinen Gassen durchzogenen Latschenfeld entgehen zu lassen. Auf dem lodenen Wetterfleck lagen unsere beiden Schweißhunde, die wie wir die letzten wohligen Sonnenstrahlen des scheidenden Tages genossen. Droben, beim Einstand des begehrten Wildes, lag bereits der Schatten, und bald verschwand auch für uns die Sonne hinter den Schafalpköpfen. Schon hörten wir in der Runde die ersten Hirsche melden, da tauchte auch bereits drüben ein fuchsrotes Schmaltier in einer Latschengasse auf. Bald auch ein zweites Stuck, und schon zeigte sich ein geringes Hirschl, das begehrlich zum Kahlwild herabäugte. Es dauerte nicht lange, da erschien, ein weiteres Schmaltier treibend, „mein" Hirsch. Wie weiße Kerzen leuchteten die blitzenden Enden am tiefschwarzen Geweih, als er, kurz verhoffend, das edle Haupt wendete. Nichts auf der Welt erschien mir begehrenswerter und nichts schwerer erreichbar als dieser Starke, dem in dieser stubenhohen Latschenwirrnis und Wildnis nicht beizukommen war. Doch der Bernhard, der sein ihm anvertrautes Wild und dessen Gewohnheiten wie kein Zweiter kennt, machte mir jetzt Hoffnung: „Wenn er heut' an dem Platz steht, dann ist er mit seinem Kahlwild während der Nacht sicher auf der Taufersberg-Alp. Wir müssen schon während der „Finstern" droben sein, denn beim allerersten Licht wird das Brunftrudel wieder in seinen sicheren Einstand zurückziehen."

Bis die Nacht uns umfing, genossen wir den Anblick des weit entfernten Wildes und konnten vom Konzert der Hirsche nah und fern nicht genug hören.

Es wurde eine sehr kurze und in der Vorfreude sehr unruhige Nachtruhe. Wecker brauchte ich keinen, denn alle Halbstunde äugte ich auf die Leuchtziffern meiner Uhr und lauschte voller Glück und Erwartungsfreude dem Konzert der Hirsche ums Jagdhaus.

Schon vor der vereinbarten, frühen Stunde, zu der mich der Bernhard abholen sollte, stand ich mit meinen Siebensachen draußen in der frostigen Nacht. Der Anblick der Berge im bleichen Licht der schmalen Sichel des schwindenden Mondes, das allein wäre des Aufstehens wert gewesen. Das Sternenzelt funkelte und blitzte hell und klar nach den reinigenden Regentagen. Nach meinem Sternenfreund, dem Jäger Orion schauend, sah ich eine Sternschnuppe über den Himmel fahren, dass ich meinte, sie zischen zu hören. Was ich mir wünschte, lag allzu nahe.

Bald brummte der kleine Geländewagen heran. Krachend zerbarst das Eis auf den gefrorenen Pfützen. Nach kurzer Fahrt begannen wir den Aufstieg. Wir stiegen zügig aufwärts, denn es galt, noch vor dem ersten Morgendämmern am Brunftplatz zu sein. Unser bereifter Steig war im kalten Sternenlicht gut zu erkennen. Unvermittelt schrie uns aus allernächster Nähe ein Hirsch wütend seinen Kampfruf entgegen, dass es mir die Haare aufstellte. „Der Rossgunder", raunte der Bernhard. Den hatte ich während der Regentage einmal verhört und nur als Schemen mit mächtigem Geweih über den Talgrund wechseln gesehen. Das Knirschen unserer Schritte stammte für ihn offenbar von einem sein Rudel umkreisenden Beihirsch. Leise und rasch setzten wir den Aufstieg fort. Bevor wir den Platz erreichten, von dem aus der Almboden der Taufersberg-Alp einzusehen war, hielten wir und gönnten uns ein frisches, trockenes Hemd. Der Wind passte, stetig zog er bergab. Dann, die Bergstecken umgedreht, damit ja kein metallisches Geräusch uns verriete, „indianerten" wir zu einem einzelnen Latschenbuschen am Rande der Hochalm. Um uns verstreut lagen noch immer die Trümmer, der von einer Lawine vor mehreren Jahrzehnten zermalmten Alp-Hütte. Ein flach gequetschtes Aluminium-Teesieb lag mir zu Füßen. Wie oft mögen sich die Hirten damit ihren Tee gefiltert haben, welche Schicksale haben sich wohl hier in der kargen Einsamkeit abgespielt?

Noch konnte ich in der Finsternis meinen Gedanken nachhängen, der kommende Morgen war noch nicht zu ahnen. Vor uns, bergwärts, etwa 70 m entfernt, schrien sich zwei Hirsche erbittert an. Dann hörten wir das Zusammenkrachen der Geweihe, das Stampfen der Läufe und Poltern der Steine im Hin- und Hergeschiebe der Kämpfenden. Allmählich wurden jetzt die Umrisse des Wildes erkennbar. Die Büchse lag bereit auf dem Rucksack, doch das Licht langte noch nicht. Jetzt sah ich den Schemen des einen Hirsches sich vom anderen lösen und bergauf flüchten. Der andere setzte ihm kurz nach und dann sandte er ihm den Schrei des Siegers hinterdrein. Welcher war es? Den Bernhard schnell anblickend, sah ich ihn nur kurz nicken und stumm auf den Platzhirsch deuten. „Das ist der Unsere." Aber immer noch war es zu finster. Und jetzt, beim Samiel, war der Heimliche bereits beim Einwechseln. Schräg bergan zog er, immer spitz von hinten, bis auf einen Grat. Es waren schon fast 200 m. Doch dann wendete er, ich werde das Bild nie vergessen: Wie ein Scherenschnitt stand er vor der heraufgezogenen Morgenröte des Osthimmels. Neben ihm ragte im Hintergrund der Vielzack der kirchendachsteilen Höfats empor.

So, kurz verhoffend, legte er das Geweih zurück zu einem Schrei. Der Schuss hob ihn vorn ein wenig hoch, dann sah ich die Läufe des Edlen versagen. Ausgelöscht walgte er in eine Mulde des Almbodens.

Wir beiden Jäger waren stumm von der Dramatik des Erlebten. Minutenlang musste ich um Fassung ringen. Erst nachdem es voller Tag geworden war, gingen wir hinüber. Mein Glück war grenzenlos, als ich die rußschwarzen Stangen, die ich an ihrer Basis nicht umspannen konnte, in Händen hielt. Rau geperlt bis in die elfenbeinweiß polierten Enden – das Urbild eines alten Berghirsches. Er hatte auf zwölf Enden zurückgesetzt, doch sein

14. Geweih hatte an Masse noch zugelegt. Jenes zwiespältige Gefühl kennt wohl jeder empfindsame Jäger, das einen nach der Erlegung eines besonderen Wildes beschleicht und die zwei Seelen in seiner Brust spüren lässt.

Diesmal ließ ich den Jäger die rote Arbeit tun. Ich hockte mich hin und freute mich nur noch am Anblick meiner herrlichen Beute. Ein Augend' war frisch abgekämpft. Der Bernhard meinte, wir sollten danach suchen, sicher hätte es der „Butsch" bei seinem letzten Kampf eingebüßt. Aber ich beruhigte ihn: „Lass' gut sein, das passt zu diesem wilden Kämpfer! Wenn ich das Ende finde und anklebe, dann ist es nicht mehr der gleiche Hirsch, den ich erlegt habe. Sollen es die Bergmäuse zusammenraspeln!"

Der Edle wurde mit Latschenästen verblendet, die abgeschossene Hülse kam als Schreck gegen die Raben obenauf. Dann sprangen wir zu Tal, um die Mannschaft zum Bergen zusammenzurufen.

Dem Hirsch-Liefern folgt jedes Mal ein kleines Fest, wenn die Schinderei vorbei ist. Einen Brunfthirsch von dieser unwegsamen Höhe herabzubringen, erfordert harte Arbeit, die ihren gerechten Lohn braucht. Ein zerlegbarer Alu-Schlitten wird heraufgebuckelt. Droben wird das Wild darauf festgezurrt und dann müssen bis zu fünf gestandene Mannsbilder das Gefährt führen und vor allem bremsen, damit der Schlitten nicht mitsamt der Beute führerlos in die Tiefe saust und drunten zerschellt. Doch der Helfer sind gern mehr als notwendig, alle wollen dabei sein, bei der Arbeit und natürlich bei der dann anstehenden, gehörigen Brotzeit.

Als wir dann am Abend den Edlen beim Fackelschein vor dem Jagdhaus mit den Parforce-Hörnern verbliesen, schrien droben am Laiterberg die Hirsche.

Am Peters Älpele

Ein glücklich gelegener Platz. Nah und dennoch weit genug entfernt von der Talstraße, die sich durch das Bergrevier von viereinhalbtausend Hektar schlängelt und auf der im Sommer und im Herbst die Massen der Bergfreunde zu den berühmten Touren und Gipfeln strömen. Doch hier geht es nirgendwo hin, wo Wanderrouten und Einkehren die Menge hinlocken könnten. Hier gehört der Berg noch dem Wild, dem Jäger und für dritthalb Monate auch dem Vieh.

Unterhalb der blumenreichen Bergwiesen liegt die Breitengehrenalpe, die zur Einkehr einlädt. Im Süden grenzt Peters Älpele an die aufstrebenden Hänge zum Linkerskopf und nach Norden schließt eine Bergflanke zum Heubaum hin ab, bevor es ins Bacherloch und somit zu Trettach, Mädelegabel, Hochfrottspitze und Bockkarkopf hinaufgeht. Auf der Gegenseite reihen sich gen Süden die Schafalpenköpfe mit ihren berühmten Klettersteigen.

Doch hier ist der Jäger allein mit sich, zuweilen mit dem zur Landschaft gehörenden Allgäuer Braunvieh – und mit dem Wild. Oberhalb der grünen Matten ziehen sich die Ausläufer des Bergwaldes weit herab, unterbrochen durch steile Felswände. Sie reichen hinauf bis zu den Ausläufern des Linkerskopfs, wo sich Gipfel an Gipfel reiht.

Doch hier herunten locken ruhige Einstände in der Nähe von bester Äsung. Hier kann man den Tag mit Sinnen und Schauen verbringen, hier hat man immer Anblick. Sei es ein Reh, seien es die Stuck, im Allgäu „Muttl" genannt, mit ihren Kälbern und natürlich die Gams. Auch sie heißen hier anders, die „Gems".

Hier war ein großes Rudel heimisch, von vielleicht dreißig Stück. Noch war der Wahn nicht ausgebrochen, dass Pflanzenfresser keine Pflanzen fressen dürfen.

Das Revier gehörte ehemals zum Lieblingsjagdgebiet des Prinzregenten Luitpold, der Jagdherr über 74.700 Hektar war. In den 1848er-Revolutionsjahren wurde der Wildbestand überall bis auf wenige Restbestände ausgerottet. Ab 1851 übernahm der passionierte Jäger und Regent den Schutz und den Aufbau des Wildbestandes. Andere Standesherrn gründeten 1854 die Allgäuer Jagdgesellschaft und retteten so den Wildbestand vor der gänzlichen Vernichtung.

Es gab bereits früher schon die Ansicht, dass dieses oder jenes Tier schädlich und deswegen gnadenlos zu verfolgen und auszurotten sei.

So erging es dem Bären im Allgäu. 1742 wurde der letzte bei Oberstdorf erlegt. Nur noch einmal, 1862, zeigte sich einer am Obermädele im Nachbartal, der dann bei Ebingenalp (Vorarlberg) erlegt wurde.

So erging es dem Luchs. 1838 hatte der Jäger Agerer von Hindelang insgesamt 22 Stück geschossen. Noch heute kann man den Rest ihrer Köpfe am Haus Agerer in Hindelang sehen. Er bekam dafür 75 Gulden Fanggeld.

So erging es dem Adler. Leo Dorn, allbekannt als der Adlerkönig, hat 75 Adler erlegt. Sein Kollege Max Speiser von Oberstdorf 59 Stück.

Erst 1912 kam man zur Besinnung und im Jagdgebiet des Prinzregenten wurde der Abschuss der Adler untersagt, bis sie 1925 völlig unter Schutz kamen.

Heute schlägt man wegen dieser Vernichtung die Hände überm Kopf zusammen. Und zur gleichen Zeit geht eine Gemeinde, wie im Oberallgäu geschehen, her, und verbietet Wildfütterungen und fordert Totalabschuss bis: siehe 1848. Die Jagdpächter haben daraufhin ihre Pachtungen aufgegeben und die Gemeinde hat dann freiwilligen Schützen quasi die Büchse in die Hand gedrückt. So hat ein Holzer, der neben Motorsäge und nun auch mit der Waffe in den Wald ausrücken konnte, schon im ersten Jahr so nebenbei 87 Gams umgelegt. Wenigstens hat man ihm nicht auch noch dafür den Ehrentitel „Gamskönig" verliehen.

Die Bergbewohner ließen sich dermaßen gegen das Wild aufhetzen, dass einer, der vormals Freund der Jäger und des Wildes war, mir allen Ernstes vorgehalten hat, „diea Huare Hirsch, diea miesset weg, diea freaset deam Vieh sgonz Gras weg, mitsamt de Wurzla".

So vernebeln Ideologien die Hirne. Wir kennen das ja aus unserer Geschichte. Da wird von oben her bestimmt, wer und was wo leben darf. Oder nicht leben.

Doch nun zurück zum kleinen Paradies des Peters Älpele und dem großen Revier. Hier war noch ein letzter Abglanz der einstigen, friedlichen Zustände zu spüren. Bei der Einkehr auf ein Bier und ein Käsbrot in der talnahen Sennalpe fühlte ich mich zurückversetzt in die Zeiten vor hundert Jahren. Da es hier keinen Strom gibt, ist der Eindruck von der Vorväterzeit vollkommen. Die niedrigen Stubendecken, noch in der Kopfhöhe der kleineren Menschen vor dreihundert Jahren, sind von speckigem Holzfeuerrauch geschwärzt. Der Käskessel, natürlich holzbefeuert, so riesig, dass eine Familie drin hätte baden können. Der Senn selber ist kein Hygienefanatiker, und es ist ratsam, sein Bier aus der Flasche zu trinken. Und ein Enzian nach dem Käs' könnte nie schaden. Das gehört halt zum Älplerleben.

Den Geländewagen ließ man lieber noch vor dem Viehgatter stehen, denn die neugierigen Rinder schauten sich gerne den Neuankömmling an. Ganz nah, mit schwingenden Glocken. Das ist nicht gut für den Lack.

Der Senn wollte immer wissen: „Wo gembr nüüf?, so wie er überhaupt recht neugierig war und einem mit seinem japanischen Ferngucker gerne hinterher spechten mochte. Wer weiß, ob er ein Kleinkaliber versteckt hat?

Mein Schweißhund jedenfalls hätte auffällig gerne in seiner Stube herum „g'näset." Das konnte vielleicht auch am Käs' gelegen haben.

Unser Weg führte eine kleine Wegstunde hinauf zum oberen Rand der Alpfläche. Hier beginnt ein lichter Bergwald, von kleinen Quellen durchgluckert, mit Farn und Heidelbeer- unterwuchs. Ich suchte mir an dessen oberem Rand einen gut gedeckten Platz, von dem aus ich nach oben, unten und seitlich auf den Gegenhang mit der darunter liegenden Almfläche schauen konnte. Ich brachte mir eines Tages sogar ein Brett mit, denn auf Dauer war der Stein doch zu unbequem und zu kalt. Für meinen Hund war bald ein weiches Farnbett hergerichtet. Mehr an „Möblierung" wollte ich hier nicht haben. Da war gut sitzen und schauen. Eines Sommers, da ich öfter dort oben weilte, entdeckte ich das Gamsrudel, noch oberhalb des Waldes, der wie eine Zunge in die grünen Matten hineinreicht. Auf einem verbliebenen Schneerest tollten die Kitze herum und spielten, wie die Kinder Herunterschlitteln mit Überschlag. Dabei fielen mir zwei unglaublich starke Gaisen auf. Beide gut im Wildbret, beide mit Kitz. Und ihre Kruckenhöhe schätzte ich auf etwa jeweils zwanzig Zentimeter. Ihr Alter schien auch schon gut im zweiten Jahrzehnt zu liegen. Die Damen wollte ich im Auge behalten.

Es zog auch hier oben ein recht interessanter Rehbock seine Fährte. Er war heimlich und ging dem Rotwild, das im Herbst etwas weiter talein seinen Brunftplatz hatte, aus dem Weg. Sein Gwichtl war – Rehjäger würden sagen – nichts Übermäßiges, doch für hiesige Verhältnisse ganz ordentlich. Auch hier gilt der Spruch Gagerns: Nicht was du erjagst, sondern wie du's erjagst, ...

In der Blattzeit entdeckte ich ihn unterhalb des Linkerskopfes, als er suchend auf einem steilen Graslahner verhoffte. Oder hatte er mich entdeckt? Ich legte mich zeitlupenlangsam bäuchlings auf den Boden, hoffend, dass er mich nicht als seinen Feind erkannt hatte. Spitz und starr zugewendet, ließ er mich nicht aus seinen wachsamen Lichtern. Ich durfte jetzt keinen Rührer tun. Da fielen über meine nackten Oberschenkel die Kriebelmücken her. Diese winzigen schwarzen Quälgeister halten sich gerne in der Nähe von schnell fließenden Gewässern auf. Nun, hinter mir toste der Rappenalpbach zu Tal. Jeder Stich war anhaltend schmerzvoll, es wurden ihrer immer mehr und die Biester krochen immer höher unter meine Lederhose hinein. Es war nicht mehr zum Aushalten. Da tat ich etwas, was ich sonst nie gern tue, ich schoss dem unverwandt zu mir her Sichernden auf den Stich. Im Knall kam er dahergekugelt, die steile Reiß'n herab. Endlich konnte ich aufstehen, endlich konnte ich die Blutsauger wegklatschen. Und ich hatte auch noch einen Glücksschuss getan. Da der Schuss steil nach oben, knapp zweihundert Meter weit war, hatte ich vergessen, ein wenig tiefer ins Ziel zu gehen. So aber traf ihn die Kugel am Trägeransatz. Das Wildbret war sauber und unversehrt. Dort, wo er bei seiner Talfahrt angekommen war, brach ich ihn auf. Hier waren keine Quälgeister, sie waren nur beim Wasser.

Immer wieder zog es mich zu meinem stillen Platz. Es war oft die Entscheidung schwer, wohin ich meine griffschuhbewehrten Schritte lenken sollte. Ungezählte Möglichkeiten lockten. Ich konnte mir's einrichten. Von hochalpin bis beschaulich. Bis zu den hohen Graten hinauf – alles unser Revier. Besonders nach umtriebigen Wochen sehnte ich mich nach Einsamkeit und fand mich gerne wieder oben an meinem Lieblingsplatz. Im Berg lässt es sich fast überall verweilen, um zu schauen. Im Gegensatz zu Revieren mit tristen, wie mit dem Lineal gezogenen Fichteneinheitsplantagen. Dort ansitzen, und sollte es auch verlockendes Wild haben, kann mich zu Tränen langweilen.

Mir bedeutet die Jagd unter anderem, wie es einmal ein Großer treffend formuliert hat, „Vorwand, um allein zu sein".

Und das konnte ich dort besonders genießen. Wenn die Sonne längst hinter den gegenüberliegenden Schafalpköpfen versunken war, stieg aus den Schattseiten die dunstige Kühle herauf. Dann trug die Wärme des Sonnentags den bitteren Geruch des Farns wie den würzigen Atem des Bergwaldes herauf. Nur schwer konnte ich mich dann zum Heimweg entschließen. Lange blieb ich sitzen, bis mein Freund, der Sperlingskauz, mit seiner Tonleiter die beginnende Nacht kündete. Beglückt machte ich mich im Silberlicht des Mondes auf den Heimweg.

Im Spätherbst jenes Jahres, als ich die starken Gamsgaisen entdeckte, ließ ein früher Frost mit ungewöhnlich tiefen Temperaturen alle Wasser erstarren. Selbst in unserem Jagdhaus wurde es bei einer Außentemperatur von -21° C recht ungemütlich. Es trieb mich dennoch wieder auf's Älpele. Doch lang hielt es mich dort nicht, auch verwehrte zu hoher Schnee den Aufstieg zu meinem Lieblingsplatz. Beim Abstieg, schon ganz herunten an der Talstraße, stand plötzlich ein Gamsbock am Wegrand. Er bewegte sich wie in Zeitlupe. Was stimmte da nicht mit ihm? Schnell zeigte mir das Glas: blind. Bis auf fünfzehn Meter konnte ich mich ihm nähern. Da gab's nur eines: die Erlösung! Der Winter hatte schon jetzt begonnen. So viel Schnee, da hätte er keine Chance zum Ausheilen gehabt. Blindheit kam bei uns sehr selten vor, meist heilten die Stücke wieder aus oder stürzten ab. Das Bartrupfen – er hatte einen besonders prächtigen, weißbereiften Wachler – war mit den klammen Fingern ein mühsames Geschäft. Diese späte Beute freute mich besonders, da ich elendem Verhungern zuvorgekommen war.

Im kommenden Jahr würde ich wieder nach meinen Gaisen schauen. Jetzt hoffte ich nur, dass sie gut den Winter überstehen werden.

Schon bald, im Mai, als der größte Teil der Berge wieder aper sich frisch begrünte, war ich wieder droben an meinem Lieblingsplatz. Bernhard, unser Berufsjäger, hatte mir dort einen Rehbock verraten, der des Anschauens wert sein sollte. Früh am Nachmittag feierten Herr und Hund Wiedersehen mit dem Ausgucksplatz. Und tatsächlich zog bald darauf der Rehbock, eifrig hier und da die frischen Kräuter naschend, aus dem gegenüberliegenden kleinen Schachen. Katzengrau war er noch in seiner Winterdecke. Lange, gut geperlte Spieße ohne Vereckung zierten sein Haupt. Ich hatte noch keinen rechten „Beiz", zu schießen. Bis er rot war, das würde ich „derwarten" können.

Meine Silva, die neben mir saß und ihn auch schon gesehen hatte, stupfte mich mit ihrer kalten Nase an. „Hast denn du keine Augen im Kopf?" Leise vor Ungeduld stöhnte sie, wie es ihre Art war. „Jetzt schieße ich grad nicht." Das würde ihre Reh-Narrischkeit nur unnütz fördern. „Der kommt uns schon nicht aus! Wir wollen warten, bis er rot ist!"

Und meine Zurückhaltung wurde belohnt. Kurz darauf wuselte, anders kann ich es nicht bezeichnen, das Gamsrudel ebenfalls aus dem Waldschachen, wo es im turmalingrünen Zwielicht des Jungwaldes Siesta gehalten hatte. Und siehe da, die beiden starken Altmütter waren auch dabei. Nach langem Schauen und Spekulieren war ich mir sicher, die ältere der beiden war ohne Kitz. Ich erkannte sie wieder an der markanten Einschnürung im unteren Drittel ihrer wahrlich hohen und starken Krucken. Doch wenn der August ins Land kommt, werde ich mit dem Rehbock einen besonderen Grund haben, hier herauf zu birschen.

Und noch eine außergewöhnliche Begegnung hatte ich im beginnenden Sommer. Wieder auf meinem Brett hockend, sah ich einen Steinadler mit einer Schlange in den Fängen auf einer dürren Altfichte aufhaken. Beim Landen wickelte sich seine Beute um den Ast, auf dem der Adler stand. Das Spektiv zeigte mir bald klar und deutlich, es war keine Schlange, es war seine Fessel. Der Adler stammte sicher von einem Falkner und hatte sich offensichtlich verflogen. Und seine Fessel hatte sich durch den Schwung des Anflugs mehrmals um den dürren Ast gewunden. Wie konnte der Vogel da wieder wegkommen? Als ich noch überlegte, wie das nun weitergehen würde, startete der Adler wieder und riss dabei den dürren Ast ab, mit dem er nun verbunden war. Doch so lang und schwer, wie der Fichtenprügel war, konnte der Greif nicht Höhe gewinnen. Verzweifelt mit den Schwingen schlagend, landete er hinter einem kleinen, von Heidelbeerkraut bewachsenen Köpferl.

„Den", so dachte ich, „den fang' ich!" Und zwar wollte ich, schnell hinzuspringend, ihm meinen Lodenkotzen überwerfen. Der Besitzer würde sich dann gewiss ermitteln lassen. Vorsichtig, den Wetterfleck wie ein Torero seine Capa vor mich haltend, pirschte ich zur Höhe des Heidelbeerköpferls. Dann wollte ich im überraschenden Sturmangriff den Adler einwickeln. Als ich über die kleine Anhöhe spähte, hockte der mächtige Greif keine fünf Schritt vor mir. Doch bis ich heran war, schwang er sich, schwerfällig davonwuchtend, von dem lästigen Astwerk befreit, mit nachwehender Fessel in die Lüfte. Am Boden blieb nur das schwere Trumm Ast, von dem er sich, eifrig nestelnd, in der Zwischenzeit gelöst hatte. Eine wunderschöne Schwungfeder hatte er mir zum Dank für den guten Vorsatz zurückgelassen. Nix war's mit mir als Adlerkönig!

Und noch von einer anderen wundersamen Begegnung mit einer Vogelart will ich erzählen. Sie ist in ihrer Größe der absolute Gegensatz zum mächtigen Steinadler. Es war an einem Sommertag. Morgenröte und weicher Wind ließen schon den Wetterumschwung erahnen. Herr und Hund ließen sich trotzdem nicht abschrecken, und so saßen wir am Nachmittag bei beginnendem Schnürlregen auf meinem Lieblingsplatz. Eingehüllt in den wasserfesten Lodenkotzen, der Hund fand darunter auch ein trockenes Plätzchen, ließ es sich gut ausharren. Nur der Lauf der Büchse fand darunter keinen Platz und ragte in den sanften Regen hinaus. Unbeweglich, gleich einem bemoosten Baumstumpf, ließ ich die Regentropfen von der Hutkrempe rinnen. Plötzlich, ein zartes Schwirren und vier winzige, eben flügge gewordene Zaunkönige reihten sich auf dem Büchslauf. Ich wagte kaum zu blinzeln. Welch ein Bild.

Es gab hier heroben nicht nur Scharwild, es trieb sich auch ein recht beachtlicher etwa Achtjähriger herum, der alle anderen Böcke austeufelte, als wäre die Gamsbrunft schon im Sommer zugange. So erblickte ich, leider noch in der Schonzeit, einen der ganz Abnormen, den ich liebend gerne einmal heimtragen würde. Der hatte, wohl durch Sturz oder Steinschlag, einen Schlauch mittig angebrochen. Dieser war dann rechtwinklig nach vorn gewachsen. Während ich ihn noch sehnsüchtig in den Linsen hatte, fegte der Platzbock heran, holte den Flüchtenden ein und hakelte ihn mit fanatischer Wut in die Weichen, dass sein Klagen laut herüberschallte. Ich habe ihn nie mehr wiedergesehen. Das heißt, auf der Geweihschau im Herbst, da hing seine rare Trophäe unter den Gams aus dem benachbarten Tal der Spielmannsau.

Den Rehbock jedoch sah ich während der Blattzeit wieder. Ich wollte gerade langsam zusammenpacken und in der Sennalpe Zuflucht suchen. Im böigen Vorgewitterwind zeigten sich die hellen Blattunterseiten des Bergahorns. Der eingedüsterte Himmel verhieß nichts Gutes. Da tauchte wie aus dem Nichts der hohe Spießer auf. Eifrig, noch bevor es ungemütlich würde, rupfte er hastig hier und da ein paar besondere Blätter.

Mit bockelnden Sprüngen war er bald auf Reichweite heran. Meinen Schuss quittierte er mit rasender Abflucht zu Tal, wo er in einem Meer von riesigen, hüfthohen Huflattichblättern verschwand.

Ich war mir meines Schusses so sicher, sodass ich wegen des dräuenden Gewitters auf die sonst übliche Wartezeit verzichtete. Ohne Hund wäre die Suche nach dem regelrecht Untergetauchten ein echtes Problem geworden. Ein Feld im Ausmaß eines Hektars Blatt für Blatt abzusuchen, das hat schon was! Doch selbst für einen halbwegs sicheren Hund bedeutet die süße Rehwitterung keine allzu große Herausforderung.

Schnell hatten wir ihn, der trotz gutem Blattschuss doch noch zweihundert Meter weit gekommen war, gefunden. Noch während des raschen Aufbrechens klatschten mir erste große Regentropfen ins Genick. Die beißwütigen Bremsen beschleunigten das Versorgen. Bis wir, Herr, Hund und Bock, das rettende Dach der Alpe erreicht hatten, krachten die Donner mit zuckenden Blitzen durch den herniederrauschenden Regen. Selten hat eine Halbe mit der entsprechenden Käs'brotzeit so gut geschmeckt!

Als dann der ersehnte erste August herangekommen war, verwehrte der „kleine Nebenberuf" alle jagdlichen Gänge. Erst zur Hirschbrunft konnten wir wieder unser geliebtes Hüttenleben beginnen. Jagdgäste und eigene Hirschpläne hielten mich fern vom Peters Älpele. Und so wurde es Ende Oktober, bis ich an einem klargoldenen Herbsttag wieder nach meinen Gams schauen konnte. Schon von Weitem sah ich das Rudel, teils äsend, teils niedergetan auf der Alpfläche. Da war schlecht hinkommen. Ich musste eine weite Umgehung wagen, wobei mir der Wind auch noch einen Streich hätte spielen können. Doch jetzt am späten Nachmittag mit den milden Sonnenstrahlen konnte ich es riskieren. Der Wind versprach, konstant bergauf zu ziehen. Bis zu einer einzeln stehenden, zerzausten Wetterfichte, deren unterer Stamm vom Weidevieh blankgescheuert war, musste ich es schaffen. Der Hund blieb beim Rucksack zurück. Und es gelang. Ein wenig abseits vom Getriebe des etwa dreißigköpfigen Rudels hatte sich meine lang erwählte Gais niedergetan. Jetzt hatte ich ausreichend Zeit, nochmals zu schauen, ob sie wirklich ohne Kitz war. Eine gute Stunde lang versuchte ich alle Jugend ihren Gamsmüttern zuzuordnen. Und die etwas oberhalb der Schar Ruhende blieb von dem G'sprang und Getolle der Kitze unberührt. Längst lag die Kipplauf-Büchse wohlgebettet auf einer der Baumwurzeln. Doch dann erhob sich die Gais – ein wenig steifläufig –, um wieder zu äsen. Ruhig stand das Fadenkreuz auf dem Blatt. Im gellenden Schall des Schusses sah ich die Kugel, Schnitthaar aufstäubend, ins Leben fahren. Wie ungläubig, was ihr gerade widerfahren, tat sie, ohne zu zeichnen, zögernd zwei Schritte und rollte dann erloschen in eine Senke des buckligen Almbodens.

Ein wenig aufgeschreckt trat das übrige Gamsrudel durcheinander. Doch bald beruhigte sich die ganze Gesellschaft. Lange musste ich warten, bis sie sich, langsam fortäsend, so weit von mir entfernt hatte, dass sie nicht mehr Schussknall und Mensch in Zusammenhang bringen konnte.

Erst holte ich meinen schon erwartungsfroh ausharrenden Hund. Bei der Erlegten angelangt, wollte das Zählen der Jahresringe kaum ein Ende nehmen. Achtzehn Jahre hatte sie auf ihrem schmal und spitzig gewordenen Buckel. Die Jahresringe an der

Einschnürung waren im Gegensatz zu den unteren eng und schmal. Jahre der Krankheit? Vielleicht der teilweisen Blindheit?

Ich stieg ein wenig bergauf, um die Latschenbrüche für Wild und Jäger zu holen. Dann trug ich sie auf eine kleine Anhöhe und setzte mich für eine Feierstunde dazu. Das Gefühl, ein lang gejagtes Wild erlegt zu haben, gleicht neben der Erlegerfreude ein wenig dem, wie wenn ein wunderbares Buch nun, leider zu Ende gelesen, aus der Hand gelegt werden muss.

Bis weit in die Dämmerung hinein saß ich dort oben, lang über die Zeit hinaus, in der ein Gamsjäger vom Berg heimzu streben sollte.

Jagdgast-Trilogie

Mein Freund Peter ist ein viel beschäftigter Mensch. Er hat ein wildromantisches, großes Revier in den Salzburger Alpen und oftmals zu wenig Zeit dafür. Seine Gastfreundschaft bringt ihn häufig in Termin-Schwierigkeiten und so kümmere ich mich des Öfteren und gerne um seine Jagdgäste.

Im holden Hahnenmonat Mai kam ein Jagdfreund vom Oberrhein auf einen Spielhahn. Ich kannte ihn bereits von den dortigen Fasanenjagden als brillanten Schützen und tadellosen Jäger.

Zum Balzplatz führte ein weiter, mühevoller Weg, den uns ein befreundeter Almbauer mit seinem Traktor verkürzen sollte. In stockfinsterer Nacht trafen wir diesen am vereinbarten Treffpunkt, einer mehrhundertjährigen Lärche.

Beim Umsteigen vom Auto zum Bulldog fiel mir das Gewehr des Freundes auf: Eine schlanke, bildschöne, sündteure Purdey „side-by-side", Kal. 20.

„Das", sagte ich dem Jagdgast, „ist eine ideale Flinte für Hähne, aber nicht für Hahnen. Nimm lieber meine bewährte Büchsflinte, da hast du zusätzlich noch die Vollmantel-Kugel für einen eventuellen weiten Schuss." Prüfend nahm er meine Waffe, lehnte seine edle Engländerin an den Lärchbaum und backte probeweise an. Zufrieden hängte er sich die Kombinierte um und unser vorerst motorisierter Aufstieg führte uns tuckernd und schüttelnd bergan. Die letzte Wegstrecke stapften wir mühselig, immer wieder einbrechend, durch körnigen Firnschnee zum Schirm.

Doch unserem Morgenansitz war kein Erfolg beschieden. Ein ständig über dem Tanzplatz der Hahnen kreisender Steinadler war uns als Mitbewerber im Wege. Die schwarz-weißen Ritter blieben im sicheren Schutz der Latschen-Wildnis.

Bald packten wir zusammen. Am Heimweg, schon im Bereich des beginnenden Bergwaldes, hörten wir dasKrugeln und Blasen eines Spielhahns. Nur so zum Spaß blies ich ihn an:

„Tschiu-huii!" Und, kaum zu glauben, ein scharfes Purren der Schwingen, und schon fiel der Sänger direkt über uns auf einer dürren Lärche zur Sonnenbalz ein.

Eh' ich zu irgendeiner Handlung fähig war, nur einen Wimpern-schlag später, krachte neben mir der Schuss des Freundes und der Hahn fiel steintot in den weichen Frühjahrsschnee zu unseren Füßen. Eine solch blitzartige Reaktion bringt nur ein exzellenter Flugwildschütze zustande.

Wie die Schulbuben fielen wir uns lachend um den Hals. Wir konnten unser Glück kaum fassen. Der einzige Morgen, und dann auch noch ein starker, alter Hahn mit vier breiten Krummen beiderseits in der stahlblau schimmernden Schar! Freudetrunken stiegen wir zu Tal.

In unserer Herberge, einem kleinen Berggasthof, angekommen, war nun ein festliches Schmausen und Zechen fällig. Der Wirt musste im Keller nach Sekt suchen und alle im Hause sollten wacker mithalten.

So nach der zweiten, dritten Flasche polterte ein Holzer in die Gaststube. Er hielt einen Gegenstand hinter seinem Rücken ver-borgen. „Ihr Jager, braucht's vielleicht einen alten Zwilling?" Sprach's und präsentierte die am Lärchbaum vergessene Purdey-Flinte.

Mein Freund wurde leichenblass und augenblicklich stock-nüchtern. Die teure Flinte seines Vaters! Die Nr. 1 der Schwester-flinten!

Das freudig begrüßte Wiedererscheinen der edlen Lady aus englischem Flinten-Adel brachte die Feier auf den Höhepunkt. Der kam, als der junge Jäger vom Rhein mit der stämmigen Wirtin Landler tanzte.

Aber dafür war ich nimmer zuständig.
Szenenwechsel.

Endlich hat's zum Schneien aufgehört

Nach dem großen Schnee

Nach dem vielen Schnee – endlich blauer Himmel

Der Butsch

Feierstunde

Zerlegter Schlitten zum Wildliefern

Von anderem Kaliber war jener Gast, den mein Freund aus besonderen Gründen auf einen Sommergams eingeladen hatte. Der Peter kannte ihn nur von einem Golfturnier und konnte mir wenig über die jägerischen Qualitäten des Herrn aus Hamburg sagen. Ich sollte ihn in seinem Münchner Hotel zur Fahrt ins Revier abholen.

In der Lobby der Nobel-Herberge erwartete mich ein Gentleman der Klasse „Normannischer Kleiderschrank". Tweed-Sakko, Cordhose, englische Sportmütze, handgearbeitete Schuhe, alles vom Feinsten. Er konnte einem Reklame-Foto für edle Havannas entstiegen sein. Das wenige Gepäck war schnell verstaut: Lederner Gewehrkoffer und eine ausgesprochen kleine Reisetasche.

Auf dem Weg ins Bergrevier, der uns über Salzburg führte, fragte ich ihn, wo er seine Ausrüstung hätte.

„Nun, hier", sagte er, „in der Reisetasche, da ist alles drin, was ich brauche: Toilettenbeutel, Pyjama sowie Wechsel-Unterwäsche."

Ich war fassungslos: „Im Schlafanzug werden Sie doch wohl nicht auf die Gamsjagd gehen wollen?"

„Nein, nein", war die belustigte Antwort, „ich gehe so wie ich bin, das wird genügen. Wissen Sie, ich schieße immer gleich zu Beginn der Jagd, ein größerer Aufwand für längere Wege ist total unnötig."

Da ich als Pirschführer nicht nur für den jagdlichen Erfolg zuständig und verantwortlich bin, sondern auch Sorge tragen muss, dass mein mir Anvertrauter körperlich heil bleibt, musste ich hier energisch widersprechen.

„So nehme ich Sie nicht mit in den Berg! Die Wege sind steinig und steil, das Wetter kann jederzeit umschlagen. Da brauchen Sie eine Ausrüstung, die dem Hochgebirge angepasst ist. Mit Halbschuhen gehen wir allenfalls miteinander ins Kaffeehaus. Ich habe auch kein Ersatz-G'wand für Sie. Meine Sachen in der Jagdhütte würden Ihnen leider nicht passen."

Der Herr aus der Hansestadt war erst ein wenig verschnupft ob meiner vielleicht ein wenig zu schroffen Worte. Doch dann war er bereit, sich in Salzburg die nach meinem Gutdünken ausgewählten Kleidungsstücke verpassen zu lassen. Feste Bergschuhe, wollene Kniestrümpfe, Bundhose aus derbem Loden waren das Mindeste, was ihm fehlte. Dazu kam ein Lodenkotzen, ohne den ein Bergjäger gar nicht erst aus dem Hause geht. Bergstecken hatte ich eh zwei Stück dabei, denn wer erwartet von einem Nordlicht, dass es mit einer „Alpenstange" anreist?

Auf der Weiterfahrt erfuhr ich zu meiner übergroßen Freude, dass er auch nur zwei Patronen dabei hatte: „Ich brauche immer nur einen Schuss!"

Nun, zum Glück führte ich ja meine Kipplauf-Büchse mit mir und hatte für diese auch genug Munition. Im Revier ließ ich den Hanseaten vorsichtshalber noch einen Probeschuss machen. Der Gast schoss schnell und sicher und die Kugel saß da, wo sie sitzen musste, auf hundert Meter drei Zentimeter hoch. Die Waffe, ein wunderschöner „Take-down-Repetierer", Kal. 7 mm-Remington-Magnum, war genau das Richtige für einen eventuell sehr weiten Schuss im Hochgebirge.

Wir wollten noch am gleichen Tag einen Orientierungsgang machen. Es war ja noch früher Nachmittag, und schnell waren wir bergfertig. Wir wählten einen Weg, von dem aus man die Hochlagen und Gamseinstände ein wenig abspekulieren konnte.

Da, kaum sind wir hundert Meter von der Jagdhütte um die erste Wegbiegung, steht auf einem Felsköpferl oberhalb des Talweges ein Gams. Glas hoch! Ja, was ist denn das? Wo kommt denn der her? Hier herunten stehen doch nie Gams! Guter, reifer Bock, hohe, eng gestellte Krucke. Auch der Jagdgast sieht ihn.

„Wenn's Ihnen nicht zu bald ist, können Sie ihn schießen!" Ich drehte mich um und suchte nach einer sicheren Gewehrauflage, da dröhnte schon sein Schuss und ich sah den Hochkruckigen die steile Halde herunterkugeln.

Ja, beim Samiel! Schießt doch der Teufelskerl auf hundert Meter, freihändig stehend und, wie sich herausstellte, zirkelgenau dem Gams aufs Blatt.

Der Butsch

Der Butsch

Am Peters Älpele

Die grünen Matten von Peters Älpele

Die alte Gais

Er schaute mich verschmitzt lachend an: „Ich sagte Ihnen doch, ich schieße stets gleich am Anfang der Jagd und dazu brauche ich immer nur eine Patrone." Und mit einem belustigten Blick auf seine nigelnagelneuen Bergstiefel, wobei er verächtlich den linken Fuß hob: „Die lasse ich Ihnen hier, da freut sich bestimmt einer Ihrer Jagdhelfer."

Wenn ich heute an die Gamsjagd mit Ursi, dem Schweizer, denke, fasst mich immer noch in der Erinnerung an das, was alles hätte passieren können, ein gelindes Grausen.

Beim Klange „Schweizer Jäger" dachte ich sofort an sehnige Bergler, denen kein Berg zu hoch, keine Felswand zu steil ist. Ich war froh, einen echten Älpler führen zu können, und hoffte insgeheim, dass er mir nicht bergauf davonrennt.

Es war gegen Ende Oktober und der Schnee lag bereits fußhoch.

Mit Ursis kettenbestückter Luxuskarosse schafften wir es ziemlich hoch auf den Berg hinauf. Wir gelangten so bis zum Beginn des nun auf gleicher Höhe dahinführenden Pirsch-Steiges. Doch den wollte ich wegen des bergauf gehenden Windes erst beim Rückweg nehmen. Wir stiegen über den Rücken des Berges, um von oben herab in die mir bekannten Gamseinstände zu spähen.

Ein junger ortskundiger Bursch aus dem Bergdorf begleitete uns als eventueller Träger und auch, weil ich diesen Revierteil nur oberflächlich kannte.

Mein sportlicher Schweizer war bestens ausgerüstet, vor allem mit zwei Thermoskannen kochendheißen Wassers, mit dem er alle Stunde seinen Tee frisch aufbrühte. Bald kamen wir an Gams, aber alles, was wir vor uns hatten, war entweder zu jung, oder die Gaisen führten Kitze. Am frühen Nachmittag, als der kurze Tag uns normalerweise zur Umkehr hätte mahnen müssen, entdeckten wir ein kleines Scharl Gams. Und wieder kein jagdbarer Bock, noch eine einschichtige Altgais darunter. Doch eine Dreijährige, noch ohne Kitz, stand dabei.

„Ach komm", meinte der Ursi, „die könnte ich doch erlegen, auf besondere Krucken lege ich eh keinen Wert. Es wäre mein erster Gams." Da hatte ich nichts dagegen, denn entweder er schießt jetzt, oder heute geht nichts mehr.

Er baute sich eine gute Auflage mit seinem Rucksack. Sorgfältig visierte er das ein wenig unterhalb stehende Wild an. Hochblatt getroffen fuhr die Gais verendet auf dem Schnee hangab und verschwand mit Schwung über einen Felsabsatz. Tief unter uns im beginnenden Bergwald sahen wir sie ihre Rutschbahn beenden. Dort hinunter war es halsbrecherisch steil. Unser Begleiter wollte allein hinab, die Gams bergen und in der Direttissima zu Tal schleifen. Drunten am Talweg wollten wir ihn später treffen.

Ursi machte sich erstmal Tee, wir stießen mit einem Enzian an und schauten dann, dass wir weiter kamen. Glücklich, dass es doch noch so gut geklappt hatte, wählten wir jetzt den kurzen Weg über den bequemen Steig, den wir am Morgen noch nicht nehmen konnten.

So ziemlich am Ende der Strecke gibt es eine Stelle, die zu passieren eine kleine Überwindung kostet. Mit einem großen, beherzten Schritt muss man über eine Rinne springen, die kirchendachsteil ins Tal führt. Sie zerschneidet den Steig am Berghang in der Breite von gut einem Meter. Tief unter mir sah ich ganz klein, wie Spielzeug, den Talweg mit seinen Heu-Hütten. Es gab für mich nicht den geringsten Anlass, anzunehmen, dass dieses kleine Hindernis für einen Eidgenossen ein Problem werden könnte. Ich sprang hinüber und schaute mich nach meinem Schweizer um, dem ich jede überhängende Wand zugetraut hätte.

„Bist du wahnsinnig?" rief er voller Grausen, als er in die gähnende Tiefe geblickt hatte.

„Nicht für zwei Millionen springe ich da rüber! Du verrückter Schneemensch, du wahnsinniger Yeti!"

Bevor der Schnee kam

Blick ins Hahnenrevier

Es war im Böhmerwald, ...

Onkel Josefs Haus

Steinbockjagd im Altai

Unsere Jurte und meine starke Beute

Beruhigend redete ich ihm zu: „Schau her, hier, ich springe noch mal, es ist völlig harmlos!" „Nein!" schrie er, nun echt in Angst, „niemals, niemals, lieber übernachte ich hier!"

„Bedenke", sagte ich, „dass wir von hier aus in einer Viertelstunde beim Auto sind. Andernfalls müssen wir drei bis vier Stunden um den halben Berg herum, ganz hinauf und drüben wieder hinunter."

Es war nichts zu machen, ich sah die blanke Panik in seinen Augen. Es gab also nur diese eine Alternative. Zurück.

In der Zwischenzeit hatte sich der Himmel eingetrübt. Nebel umhüllte uns, und es begann immer stärker zu schneien. Um den mir nicht sicher bekannten Rückwechsel zu finden, musste ich unsere Spuren vom Herweg suchen. Jetzt fing es auch noch an zu wehen und unsere Fußstapfen waren bald zugeschneit. Mit jedem Höhenmeter wuchs der Schnee und das Steigen gegen die Zeit wurde zur Qual. Zeitweilig war vor lauter Nebel und Schnee im diffusen Dämmerlicht nicht zu erkennen, ob nicht der nächste Schritt in den Abgrund führte. Immer wieder musste ich mit dem Bergstock tasten, wenn ich nicht sicher war, wie es weiter ging.

„Ich kann nicht mehr, ich bin am Ende", keuchte mein bald nach Atem ringender Jagdgast.

„Komm, geh' her, gib mir Rucksack und Büchse! Wir müssen es schaffen! Nachgeben, heißt Erfrieren", redete ich auf ihn ein. Nun hatte ich zwei Rucksäcke und zwei Gewehre.

Doch weiter! Weiter! Ich musste mir auch selber Mut machen ob der beklemmenden Sorge um den mir anvertrauten Gast. „Immer schön Schritt um Schritt, nur keine Panik, das schaffen wir schon!"

Zum Rasten und Verschnaufen blieb uns keine Zeit, die Finsternis drohte und jedes Zögern hätte unsere Chancen, den immer schwerer zu erkennenden Weg zu finden, vertan.

In tiefer Dämmerung kam mir eine Baumgruppe bekannt vor und bald darauf fand ich endlich unsere kaum noch sichtbaren Hinweg-Spuren. Talwärts dann, im Wald, schneite es nicht mehr so heftig und die Fährte war jetzt gut zu halten. Gleichsam mit neuen Kräften ging's dahin und endlich sahen wir unsere Benzinkutsche, inzwischen mit dicker Schneehaube, auf uns warten.

Nie zuvor und nie mehr hernach habe ich den Anblick einer Luxus-Karosse im Bergwald so freudig und so erleichtert begrüßt.

Das unendliche Jagdgebiet

Die falkenäugigen Jäger beim Spekulieren

Virus mongolicus

Enkhbat mit dem ersten Steinbock

Heimzu mit dem Starken – Blick ins unendliche Revier

Es war im Böhmerwald, ...

Es geschah in der Zeit der Wende und des Zusammenbruchs des morschen Kommunismus, als ich, ein Bergjäger, unverhofft und eigentlich gegen meine Pläne ins Flachland und somit in den Böhmerwald geriet:

Neid, Zank und Missgunst sind schlechte Jagdgesellen und so gab ich meine Beteiligung an einem der herrlichsten Hochgebirgsreviere schweren Herzens auf.

Doch nun, heimatlos, revierlos, setze ich kurzerhand ein Inserat in „Wild und Hund": „Hochgebirgsjäger sucht eine Beteiligung an einem ebensolchen Revier". Es geschieht eine Zeit lang nichts, bis eines Tages ein Brief aus Tschechien eintrifft: „Geehrter Herr!" schreibt man mir, „ich hab gelesen in Jagdzeitung, dass suchen Abschüsse. Ich hab Revier nicht weit von Gränze in Böhmen mit Jagdhaus in ruhige Gebiet bei Wald mit alles Komfort. Jagd ist meglich für 1 Person oder Kollegtif. Bitte kommen und schiessen! Auf bald! Entschuldigen meine Grammatik. Gezeichnet: Jaroslav."

Ich bedanke mich freundlich für das Angebot, bemerke aber, dass ich doch ein Hochgebirgsrevier suche. Ich habe kein Interesse an einem Jagen nur auf Rehbock, nur so als „one-night-stand" und überdies auch noch im Flachland.

Doch der gute Mensch gibt nicht auf:

„Geehrter Herr! Ich antworte auf Brief, wo schreiben, dass Interesse an Rehbock. Kostet hier nicht viel, zwischen 300,– und 400,– DM. 500 Gr.-Bock kostet 500,– DM, jeder Gramm mehr 1,– DM mehr. Haben auch viel, viel Wildschwein. Schreiben Sie, wann kommen und schießen! Jagen bei meine Onkel Jòsef, wohnt bei Oma."

Anbei liegt ein Lageplan des Ortes, eine Skizze, angefertigt bei Stromsperre und Neumond.

Die Preise klingen unglaublich und an einen 500 Gramm-Bock glaube ich vorerst einmal nicht. Gehörngewichte und Medaillen waren ohnehin noch nie Ziel meines Jagens. Doch das Abenteuer der Jagd mit neuen, unbekannten Menschen in ebensolcher Landschaft beginnt mich zu reizen. Also schreibe ich dem lieben Jaroslav, dass ich Ende Mai mit meinem Hund kommen werde.

Die Fahrt von München ist nicht weit bis in das grenznahe Dörfchen. Als ich dort ankomme, ist alles wie ausgestorben. Kein Mensch weit und breit, den ich nach dem Weg fragen könnte. Doch dann tappt ein alter Mann am Krückstock aus einem Nebengässchen. Als ich ihn auf deutsch anspreche, antwortet er ebenso auf deutsch. Erst stockend, doch dann strömen immer flüssiger und besser seine Sätze aus dem lückigen „Gehege der Zähne". Er erklärt mir leuchtenden Auges, dass er jahrzehntelang nicht habe deutsch sprechen dürfen – und nun hat sich alles gewendet. Berührt sage ich Dank und finde schnell zu meinem Ziel, zu Onkel Jòsef.

Seine alte Bauernkate gleicht einem Bild aus dem Roman „Das vergessene Dorf". Sie duckt sich senkrückig unter ein bemoostes Schieferdach. Sie hat schon vor längerer Zeit bessere Tage erlebt. Nun hockt sie altersschwach und zerzaust in einem total verwilderten Garten mit uralten, über und über blühenden Obstbäumen. Die verwitterte Haustüre steht offen. Glocke finde ich keine, also rufe ich. Nichts rührt sich, auch kein Hund schlägt an. Nur eine kleine graue Katze wischt an mir vorbei aus dem Dunkel des Hausgangs ins Freie. Als keine Antwort kommt, öffne ich auf gut Glück die nächstbeste Türe. Da, oh Überraschung, auf einem speckigen Sofa, offenen Mundes schnarchend, liegt dort, in Unterwäsche, ausgestreckt ein Mann – Onkel Jòsef –, bewacht von der strickenden Oma. Sie ist stocktaub und reagiert nur auf Zeichensprache.

Ich hatte die Vorstellung, dass Gastgeschenke wie Dallmayr-Kaffee willkommen seien, und liege damit vollkommen richtig.

Der Kaffee, von der Oma auf orientalische Art gebrüht – kochendes Wasser auf das Kaffeepulver in der Tasse – erweckt den Schläfer zu neuen Taten. Insgeheim beschließe ich, dass, bei aller Liebe zur Romantik, mein Gastspiel hier ein sehr kurzes sein wird. Doch der Erweckte bedeutet mit zu folgen: „In Jagdhaus." Siehe da, es liegt wunderschön, mitten im Revier. Ein kleiner, neuer Plattenbau, recht adrett sieht der aus. Herz, was willst du mehr! Jòsef verlässt mich vorerst und will mich später zum Abendansitz abholen. Listig zwinkernd verkündet er noch bedeutsam: „Ssamstag Abend Kratochwil!" und verlässt mich, der ich nun grüble, was das nun heiße.

Onkel Jòsef, von untersetztem Wuchs, findet sofort Zugang zu meinem Herzen. Er kommt mir vor, als würden wir uns schon lange kennen. Ich überlege, wo ich diesen wunderlichen Kobold schon gesehen haben könnte, und vor meinem geistigen Auge erscheint Schweijk. Das ist es! Kleine, listige, neugierige Äuglein betrachten mich aufmerksam abschätzend. Ich warte immer darauf, dass er sagt: „Und wenn Sie mal ein Hunterl brauchen!?" Aber das kann ja noch kommen.

Unbewaffnet, mache ich mit meinem Schweißhund einen Erkundungsgang. Wir finden aber wenig Hinweise auf irgendwelche Aktivitäten von Schalenwild, wie Fege- oder Plätzstellen, oder gar, wo Sauen gebrochen haben. Meine Hündin, die sonst an jedem Wildwechsel ausgiebig „Zeitung lesen" will, findet hier wenig Lektüre.

Der Ansitz am Abend bietet mir die ersehnte Einsamkeit, umgeben von herrlich wilden Forsten in der welligen Weite des Böhmerwaldes. Dass ich keinen Anblick habe, macht mir wenig aus, das gibt es daheim genauso, das ist also keineswegs verdächtig.

Abends will ich mich in der merkwürdig grauen Badewanne nur eben abduschen und wundere mich über die fehlende graue Farbe an einer Stelle am Boden der Wanne. Bei Licht besehen, stellt sich das Grau als schlichter Dreck heraus und der weiße Fleck ist da, wo man normalerweise beim Duschen steht, also sauber. Die Bettzudecke ist nicht nur mit Gänsefedern gefüllt, nein, es müssen ganze Gänse drin sein, so schwer ist sie.

Der Morgenansitz bringt Anblick einer Kitzgeiß, sonst zeigt sich nichts. Dann fahre ich ins Dorf, um etwas Essbares zu ergattern. Bei einem Metzgerladen erstehe ich Hühnerflügel- und Schenkel, die ich mir am offenen Feuer grille. Als ich am nächsten Tag dort wieder vorbeischaue, liegen in der Ladentheke nur die Hälse der Hühner mit den Köpfen daran. Als ich nach Fleisch frage, deutet der Metzger wortlos auf die Hühnerkrägen. Gestern Flügel, heute Krägen, es muss doch auch noch den dazugehörigen Körper der Mistkratzer geben. Ich frage: „Huhn – ganz?" Der Mann verschwindet mit den Worten „Ich fragen" und kommt nach einiger Zeit mit der Frohbotschaft zurück: „Gans – erst Weihnachten!"

Der nächste Ansitz bleibt ebenso ergebnislos. In der Folge sehen wir nun doch Böcke, aber zum Bedauern meines Pirschführers sind mir alle zu jung. So vergehen zwei Tage, die ich in der Beschaulichkeit dieses weltentrückten Wäldermeeres genieße. Onkel Jòsef ist nun langsam verzweifelt ob meiner „G'schleckigkeit", was seine Rehböcke angeht. Jedes Mal tröstet er mich nach der Pirsch: „Ssamstag Abend Kratochwil!"

Er will nicht heraus mit der Sprache, was das sei. Vielleicht findet dort das Treffen der böhmischen Kapitalböcke statt?

Der lang ersehnte Samstag Abend findet uns in einem anderen Revierteil, auf einer komfortablen Leiter. Ein zauberhafter, milder Maientag geht zur Neige. Kuckucksruf und Taubengurren, und eine Singdrossel erfreut mich mit ihren stets anders variierten Strophen. Im ersten Dämmern finde ich mit dem Glas eine eifrig äsende Kitzgeiß in einiger Entfernung. Mit dem Spektiv versuche ich auch das Kitz zu entdecken, aber sie hat es in der Nähe abgelegt. Da das Licht gerade noch für den alten Ferngucker von Onkel Jòsef ausreicht, stößt er mich an und deutet auf das Muttertier: „Bock – schießen!" Wortlos reiche ich ihm das Fernrohr. Nach einigem Suchen schnauft er enttäuscht: „Och – Geiß!"

So langsam dauert er mich. Ich kenne selbst den Erfolgszwang eines Pirschführers. Zu gerne würde er mich heute, am letzten Tag, noch zu Schuss bringen. Und dann will er ja auch berechtigterweise mit dem Abschuss Geld verdienen. Als hätte der Herr der Böcke meine Gedanken erraten, zieht im schwindenden Büchsenlicht ein braver, zukunftsfroher Jungsechser aus dem Weidendickicht. Jetzt gerät Jòsef völlig aus dem Häuschen: „Gutes Bock, gutes Bock – bittä schießen!" Nun darf ich einfach nicht mehr Nein sagen und leiste stumme Abbitte für diese Opferung. Im Knall versinkt der schon fast völlig Verfärbte im Grase. Den Alten hält nun nichts mehr auf der Leiter. Wie ein Indianer springt er zum Bock und führt einen rechten Freudentanz auf. Ich kann nicht anders, ich freue mich auch mit ihm, Beute ist Beute. Und echte Freude ist ansteckend. Und dann fällt er mir um den Hals, busselt mich links und rechts mit seiner stacheligen Backe, und süßlich-schwerer Knoblauchdunst umfächelt meine Nase.

Auf die Frage, ob das nun endlich Kratochwil sei, winkt der Onkel heftig ab: „Jetzt gehen nach Kratochwil, ist Gasthaus."

Aha, es ist also von Anfang an eine Einkehr geplant worden. Das ist mir mehr als recht, denn mir knurrt schon gewaltig der Magen, ich habe einen Bärenhunger, denn seit der Morgenpirsch hat nur der Hund seine mitgebrachte Mahlzeit bekommen.

Schnell wird der Erlegte versorgt und in meinem Auto in der Wildwanne verstaut. Onkel Jòsef weist mir den Weg in das einige Kilometer entfernte Dorf. Hoffentlich verlässt er mich nicht, denn allein werde ich nie wieder zu meiner Bleibe zurückfinden. Doch er ist freudig erregt und aufgekratzt wie nie. Was wird dort wohl stattfinden? Hoffentlich eine gehörige Brotzeit.

Vor dem großen Wirtshaus parken viele Busse und Autos, es muss wohl ein kulinarischer Geheimtipp sein. Beim Eintreten in die Wirtschaft empfängt uns ein infernalischer Lärm, als würden zwanzig verschiedene Radiosender auf volle Lautstärke aufgedreht sein. Aber es kommt noch schlimmer: Im Saal auf der Bühne spielen etwa fünf verschiedene Musikgruppen und im

Nebenraum, den wir jetzt betreten, sitzen an zirka zehn Tischen wiederum andere Gruppen. Alle spielen gleichzeitig aus vollen Kräften, jede Mannschaft ein anderes Stück – und alle Harmonika.

Mir geht ein Licht auf, was „Samstag Abend Kratochwil" bedeutet: Ich bin in ein böhmisches Harmonikatreffen hineingeraten.

Onkel Jòsef strahlt mich an: „Scheen!" Ich kann nur stumm ergriffen nicken. Ein Tisch ist für uns frei, das heißt, es sitzen schon alle Mitglieder der Jagdgesellschaft in froher Erwartung parat. Mein Begleiter hat das abgeschärfte Haupt des Bockes dabei, das unter großem Hallo der Versammelten, mit Fichtenreisern bekränzt, in der Mitte des Tisches platziert wird. Sofort bringt die stämmige Kellnerin Bier, Bier, Bier, denn sie erkennt mit geübtem Blick, da gibt's was zu feiern. Jòsef erzählt gestenreich – ich verstehe zwar kein Wort –, aber es muss sich um eine überaus dramatische Heldentat handeln, denn die Jäger machen große Augen. Am Ende der sicher spannenden Geschichte nimmt das Händeschütteln und Schulterklopfen kein Ende. Also muss wohl ich der Held der Geschichte gewesen sein. So komme ich unverdient zu hohen Ehren und bin gerne bereit, eine gehörige Brotzeit für alle, vor allem auch meinem rebellischen Magen, zu spendieren. Aber, o Enttäuschung, hier gibt es nichts zu essen und im Dorf ist auch sonst kein Wirtshaus. Nur Bier, Bier, nichts dazu. Wie soll ich das aushalten? Ich kann doch nicht nur „Nass futtern". Mein lieber Jagdbegleiter erkennt meine Not. Er verschwindet und kehrt nach einiger Zeit mit vier Scheiben trockenen Brotes zurück. Die hat er einfach in einem Nachbarhaus für seinen hungrigen deutschen Gast erbettelt. Selten hat mir Brot allein so gut geschmeckt. Der Lärm ist höllisch, ich kann keine einzelne Melodie heraushören, jedoch die Stimmung ist großartig. Meine Tischrunde brilliert, den Gesten nach, mit den tollsten Jagdgeschichten, von denen ich kein Wort verstehe. Einerseits wegen der Sprache, andererseits ist der Lärm so enorm, dass mir selbst bei deutschen Rhapsoden das meiste entginge. Also nicke ich freundlich und lache, wenn alle lachen. Eine Runde nach der anderen des ausgezeichneten, aber glücklicherweise leichten Bieres wird von der schwitzenden Kellnerin herangeschleppt und verzischt im Nu in den durstigen Kehlen. Ich habe eine Schachtel mit guten Sumatra-Zigarillos dabei, die ich reihum gehen lasse. Einer liest am Etikett, dass das Stück 1,– DM kostet. Jetzt getraut sich keiner mehr, ein so teures Kraut anzunehmen. Ich bin reichlich beschämt von diesen bescheidenen Menschen. Irgendwie gelingt es mir doch, ihnen auszudeuten, dass die ganze Schachtel so viel gekostet hat. Das löst endlich ihre Scheu.

Zu reichlich später Stunde übernehme ich unsere Gesamtzeche. Sie ist so lächerlich gering, dass ich als Westler wiederum ein wenig beschämt bin. Die Rolle des reichen Onkels aus dem goldnen Westen passt mir gar nicht. Ein Krug Bier kostet 25 Pfennig.

In meinem Kopf brausen wie tausend Hummeln Harmonikaklänge. Ich bin davon bedient und mein Bedarf ist für die nächsten fünfzig Jahre gedeckt.

Ein halbes Jahr später läutet es daheim an der Türe. Ich öffne, und wer steht, schelmisch grinsend, davor: Onkel Jòsef. Als Gastgeschenk hat er eine Überraschung für mich:

Eine Schallplatte „BÖHMISCHE HARMONIKAKLÄNGE.“

Steinbockjagd im Altai

Gut haben wir zusammengepasst, wir vier Jagdfreunde. Alles leidenschaftliche Bergjäger von früher Jugend an. Der eine, Konrad, ein Berufsjäger, der andere, Oskar, ein erfahrener Bergwachtler. Zudem Peter und ich – wir hatten schon so manchen Berghirsch und Gams gemeinsam erbeutet. Unser Wunschtraum, einmal zum Steinbock-Jagern in die Mongolei zu fahren, war greifbare Wirklichkeit geworden.

Und nun saßen wir im Jumbo nach Peking. Als der neue Tag im Osten heraufdämmerte, sah ich weit, weit im Süden die schneeglänzenden Gipfel des Tien-Shan in der Morgenröte aufglühen. Da habe ich mich verstohlen in den Arm gezwickt. Und es blieb Wirklichkeit.

Unter uns erstreckte sich die unendlich scheinende Wüste Gobi, nachdem wir Sibirien und den Altai überflogen hatten. Dort, dachte ich, dort ziehen sie ihre Fährte, die Steinbockrudel, die Argali, Schneeleoparden, Bären und Wölfe sowie die mächtigen Marale. Ich konnte und wollte nicht schlafen, wollte nur die neuen Eindrücke in mich hineinsaugen und schauen, schauen.

Wir hatten bewusst die weitere Route über Peking gewählt, damit wir auch mit größter Wahrscheinlichkeit unser Gepäck wiederbekämen. Dass es uns nicht erginge wie etlichen Jagdreisenden via Moskau, die mangels ihrer in Moskau gebliebenen Koffer mit Halbschuhen und geliehener Mongolen-Puschka auf die Steinbock-Pirsch gehen mussten.

Wir hatten uns für Peking einen Dolmetscher als Hilfe bei Zoll und Grenzpolizei bestellt. Uns erwartete ein hilfreicher Engel in Gestalt einer reizenden chinesischen Studentin der deutschen Sprache. Die Schwierigkeiten des Transits mit Schusswaffen waren uns in aller Schwärze geschildert worden. Einen echten Transit gab es in Peking zu dieser Zeit nicht. Wir mussten offiziell einreisen, Gepäck auschecken und gleich wieder weiter für die Mongolei einchecken. Wer weiß auch beim ersten Mal, wo die Flughafengebühr zu entrichten und wo die Grenzpolizei ist. Von den Aufschriften konnten wir eh nur die Zahlen lesen, das hätte uns nicht weiter gebracht. Und mit Englisch? – absolute Fehlanzeige. Immer wieder mussten wir neue Formulare ausfüllen – bald wussten wir Pass- und Waffennummer auswendig. Koffer auf, Koffer zu! Wo sind die Patronen? Doch alles mit der berühmten chinesischen Höflichkeit. Großes Hallo beim Anblick unserer Jagdwaffen. Die Polizisten scharten sich, neugierig die Büchsen bewundernd, um uns. Es musste das Zielfernrohr aufgesetzt werden und dann fuchtelte man zielend in der Flughafen-Halle herum. Zum Glück wollten sie nicht auch noch laden oder gar einen Probeschuss abgeben. Doch endlich glätteten sich die Wogen der Begeisterung, wir bekamen die notwendigen Stempel und es konnte nach Ulan Bator weitergehen.

Nach etwa zweistündigem Flug landeten wir glücklich in der Hauptstadt. Die Herren des mongolischen Jagdveranstalters, Yugeer und der schnurrbärtige Moustache, bereiteten uns einen herzlichen Empfang. Sie würden unsere Reisebegleiter und Dolmetscher sein. Auf der Fahrt durch die Stadt zum Hotel konnten wir uns nicht genug über die zahlreichen Maral-Hirsche wundern, die zahm und vertraut am Straßenrand niedergetan oder äsend in den Grünanlagen herumstanden. Im weiten Umkreis der Stadt herrschte striktes Jagdverbot und die Tiere zeigten paradiesische Vertrautheit. Das machte mich ein wenig nachdenklich.

Beim Abendessen im Hotel hörten wir von unseren Guides, wie sie den weiteren Verlauf geplant hatten. Am nächsten Morgen sollte das Abenteuer beginnen.

Am besten lasse ich mein Tagebuch erzählen:

3. Juni

Um 7 Uhr geht's wieder zum Flughafen. Mit unseren beiden Begleitern besteigen wir eine altgediente, zweimotorige Antonov. Mit uns werden einige Kisten Verpflegung für uns an Bord genommen. Unter gewaltigem Gedröhn donnert unser Vogel über die unendlichen Grasberge gen Westen. Mit an Bord sind Nomaden, teilweise in ihrem schönen, seidenen, traditionellen Gewand, dem Deel. Gerne lassen sie sich fotografieren. Die Maschine ist voll bis auf den letzten Platz. Selbst auf dem schmalen Korridor vor dem Cockpit hocken Leute auf dem Boden. Die Sicherheitsgurte gehen von selbst auf, wenn man aufstehen möchte. Dabei schwankt der Segeltuchsitz in seiner Verankerung, dass man Bedenken hat, er könnte ausreißen.

Wir müssen zum Auftanken in einem gottverlassenen Steppenort namens Mörön zwischenlanden. Alle Passagiere steigen aus und machen in der umliegenden Steppe einen kleinen Spaziergang. Ein Hund streunt bettelnd um die Reisenden, er sieht aus wie ein Wolf. Die nahe Verwandtschaft ist augenfällig. Nach gut einer Stunde sind wir wieder in der Luft und landen nach weiteren zwei Stunden an unserem Zielort Khoft.

Es ist ein schwermütiger Steppenort am Rande des beginnenden Gebirges. Nur kleine Hütten und Jurten, die alle von hohen Zäunen umgeben sind. Wozu solch hohe Zäune? Gegen Schneeverwehungen oder gar gegen Wölfe? Sie sollen ja sehr zahlreich geworden sein. Nach dem Verfall des Sowjet-Reiches gibt es niemand mehr, der Prämien für den Abschuss der Grauhunde zahlen kann. So haben sie sich sehr zur Sorge der viehzüchtenden Nomaden enorm vermehrt.

Wir sitzen am Flughafen in der Sonne und brotzeiten aus dem Rucksack, während Yugeer sich in den Ort begibt, um die Geländewägen für die Weiterfahrt zu organisieren. Ein paar Einheimische bestaunen uns Fremde mit offener Neugier. Da zieht der Konrad seine „Schmaizlerdose" heraus und bietet den Mongolen, die ja bekanntlich Schnupftabak lieben, eine Prise an. Sofort haben wir die schönste Unterhaltung. Jeder redet in seiner Sprache, keiner versteht die Worte des anderen und doch verbindet uns plötzlich ein unsichtbares Freundschaftsband. Endlich, nach einigem Warten, erscheinen zwei Fahrzeuge – russische Geländewägen mit Segeltuchverdeck. Der Flughafen-Chef bekommt eine Flasche Dschingis-Khan-Wodka, damit er uns für den Rückflug – wann immer das sein wird – genügend Plätze freihält. Die Wägen werden mit unserem Gepäck beladen und die Fahrt gen Süden ins Revier beginnt.

Endlos dehnt sich die Steppe nach Osten. Im Westen grüßen die schneeglänzenden Berge. In der kristallklaren Luft scheinen sie zum Greifen nahe. Nach einigen Kilometern machen wir Halt. Ein Opferhügel, ein Owoo, verlangt eine Stein- und Wodka-Spende, um die Geister für eine gute Fahrt gnädig zu stimmen. Er wird von allen im Uhrzeigersinn umkreist und die Geister bekommen von jedem einen ordentlichen Schluck Wodka spendiert. Auf dem Owoo liegen leere Schnaps-Flaschen, Pferde- und Schafbocksschädel.

Noch ist unsere Piste zu erkennen, doch bald geht es ohne Weg und Steg durch Schluchten und weite Täler. Weit und breit kein Baum, kein Strauch. Kaum einem Fahrzeug begegnen wir, nur ab und zu Nomaden mit Kamelen und einsamen Schafherden. Bis zum Ziel sollen es etwa 280 Kilometer sein, doch nur langsam zählt der Tachometer die Entfernung herunter.

Über der Halbwüste kreisen Milane, Adler und Geier. Flinke Ziesel huschen vor uns fort, und als wir in die Berge hineinfahren, sehen wir unzählige Murmeltiere. Sie pfeifen jedoch ganz anders als die bei uns daheim – eben mongolisch. Unser Fahrer singt mit sanfter Stimme seine melancholischen Lieder. Wenn er schweigt, beobachte ich ihn, ob er nicht eingenickt ist. Doch das zu beurteilen, ist fast unmöglich; an seinen schmalen Mongolen-augen, kann ich nicht erkennen, ob sie schon geschlossen sind oder noch nicht. Und dann ist er doch eingenickt. Der Jeep springt mit einem gewaltigen Satz in die Höhe, als er mit unvermindertem Tempo durch eine Furt rumpelt. Uns schleudert es in die Höhe, mit den Köpfen ans Verdeck. Jetzt wissen wir, warum es eine Segeltuchplane ist und kein hartes Blech.

Nach einigen Stunden Fahrt tauchen vor uns drei, vier einsame niedrige Steinhäuschen auf. Wir halten. Zwei Eisenstangen mit einem Tankschlauch daran ragen hier unvermittelt aus dem Boden. Schon erscheint ein traditionell gewandeter Mongole, der Tankwart. Es ist tatsächlich so etwas wie eine Tankstelle. Die Geländewägen werden versorgt. Doch wo ist hier ein Tankzähler? Wird die Menge geschätzt? Rätsel Asiens!

Und weiter braust unsere kleine Karawane. Laut Tacho müssen wir bald da sein – und schon biegen wir in ein schmales Seitental ein. In einem trockenen Flussbett geht es durch enge Schluchten. Seitlich ragen die kahlen Berge Hunderte von Metern über uns. Endlich sehen wir vier Jurten auftauchen – wir sind angekommen. Achteinhalb Stunden für sauer erarbeitete 287 Kilometer.

Das Büchsenlicht droht zu schwinden, also packen wir als Erstes unsere Büchsen aus. Die Kontrollschüsse sitzen da, wo sie hingehören. Wir richten uns in unserer Jurte so gut wie möglich ein, während unsere Köchin ein ausgezeichnetes Abendessen herrichtet. Dann kommen unsere Begleiter und die Jäger, die in den Jurten nebenan mit ihren Familien wohnen, um den Plan für den morgigen Tag zu besprechen. Der Konrad wird mit dem Oskar gehen, während Peter und ich zusammenbleiben.

Nach den vielen neuen Eindrücken finde ich lange keinen Schlaf. Durch die Dachöffnung in der Jurte sehe ich das blitzende Firmament. Die Milchstraße wirkt zum Greifen nahe, so klar ist hier die Luft wie nirgends mehr in Europa. Mir kommt der Ausdruck „Sternenzelt" in den Sinn. Kein Wunder, dass er bei uns nicht mehr in Gebrauch ist, hier wirkt das Firmament wahrlich wie ein riesengroßes Zelt. Ich schaue dem silbernen Weg des Mondes zu und genieße es unendlich, viele hundert Meilen von jeglicher Zivilisation entfernt zu sein. Neben der Jurte, nur durch die Zeltplane getrennt, höre ich die Yaks der Mongolen das spärliche Gras abrupfen, höre sie schnaufen und die Halme kauen. Ein beruhigendes Geräusch.

4. Juni

Um 5 Uhr werden wir geweckt. Nach einem ausgiebigen Frühstück besteigen wir, in zwei Partien aufgeteilt, die Geländewägen. Peter und ich fahren talauf, während die Freunde in ein Seitental abbiegen. Fast zwei Stunden kutschieren wir holpernd über das steinige Flussbett und dann geht's steil bergauf. Die „Russen-Kiste" klettert wie ein Gams, ich habe Angst, sie könnte sich rückwärts überschlagen. Wir fragen uns, ob der Fahrer wohl lebensmüde ist. Wir sind von den heimischen Bergen Einiges gewohnt, doch wie gewagt der hier die Steigungen anpackt, da bleibt uns glatt die Luft weg. Aber er beherrscht sein Fahrzeug meisterhaft.

Endlich können wir aussteigen und die Pirsch auf der Höhe kann beginnen. Die Grate der Berge sind von scharfkantigen Schiefermauern gesäumt. Ein Höhenzug reiht sich an den anderen – bis zum blauen Horizont, wo die die schneebedeckten Gipfel des Hochaltai in der Morgensonne schimmern. Oben auf der Schneid sind wir auf etwa 2.400 m. In der Frühe hatten wir um den ersten Schuss gelost, und heute soll ich dran sein. Unser Jäger geht ein paar Schritt voraus, um allein über den nächsten Grat zu spähen. Er winkt, und vorsichtig lugen wir über die Felsscharte. Uns bietet sich ein Anblick, der die kühnsten Träume übertrifft: Auf etwa 200 m verhofft, bereits zu uns heräugend, ein Rudel von etwa 60 Steinböcken, einer stärker als der andere. Noch ehe wir einen raschen Entschluss fassen können, donnert die ganze Gesellschaft in einer Staubwolke davon. Das wäre auch zu schnell gegangen. Doch wenn Diana einladend lächelt – jedes Zögern habe ich stets bitter bereuen müssen.

Im Weiterpirschen entdecke ich 400 m unterhalb von uns ein kleines Rudel Steinwild. Mit dem Bergstecken stupfe ich den Jäger an und deute hinunter. Diesmal erklimmt er vorsichtiger mit meinem Spektiv einen Ausguck, um hinabzuspekulieren. Aufgeregtes Getuschel mit dem Dolmetscher. Ich solle mir den einzigen Bock, der dabei ist, selber anschauen und entscheiden, ob er mir passt. Er erscheint mir stark genug und vor allem alt genug, was man an der ganz hellen, cremefarbenen Decke erkennt.

„Gut", sage ich, „packen wir's an!" Wir müssen eine weite Umgehung machen, um ungesehen an das Wild heranzukommen. Unser unglaublich ortskundiger und trotz seiner klobigen Reiterstiefel auch sehr geländegängiger Jäger lugt durch eine schmale Scharte einer Gratmauer. Dann winkt er mich heran. Vorsichtig linse ich durch den Spalt. Auf etwa 80 m unter uns äst das kleine Rudel. Die Entfernungen sind hier in dem ungewohnten Gelände schwer zu schätzen. Es gibt für Vergleiche keinen Baum, keinen Strauch. Die Luft ist so klar, das Wild in seiner Körperdimension mir noch nicht recht geläufig, doch für die 300er Winchester ist der Bereich für einen sicheren Schuss weit bemessen. Behutsam bringe ich die Kipplaufbüchse in Position. Der ein wenig kunstlose Schuss wirft den Alten wie vom Blitz gefällt in die fahlen Bergkräuter. Das Echo des Büchsenknalls rollt über die Grasberge, das Rudel flüchtet – seines Paschas beraubt – talwärts davon.

Die zurückgebliebenen Begleiter eilen heran und das große Schulterklopfen beginnt. Beim erlegten Wild angekommen, schauen mich die Mongolen sorgenvoll prüfend an, ob mir die Trophäe auch wirklich gut genug ist. Sie müssen wohl schon Arges erlebt haben. Ich will gar nicht wissen, wie lang die Hörner sind, doch schon zückt einer ein Maßband: 1,06 m. Obwohl mir eine gute Trophäe viel bedeutet, das Erlebnis ist unmessbar wertvoller als Inches, Zentimeter, Gramm und Punkte. An Jahresringen zählen wir zehn. Das ist bei den harten Lebensbedingungen im Altai beachtlich. Peter sucht nach einem Bruch, ich nach einem letzten Bissen. Wir finden ein wunderbar aromatisch duftendes Kraut, das in seinem Aroma entfernt an Speik und Salbei erinnert. Staunend verfolgen die Mongolen unsere Bräuche.

Nach ausgiebiger Rast, Fotografieren und Bewundern der Beute trennen wir uns. Befremdet sehen wir, dass vom Wildbret nichts mitgenommen wird. Kommt das noch jemand holen? Peter macht sich an die Verfolgung des zuerst gesehenen Rudels. Der Fahrer soll mit mir zurück ins Basislager.

Jetzt, nach erfolgreicher Jagd, können wir geruhsam die Heimfahrt antreten, doch der Fahrer findet die Passage durch die Felsen nicht mehr. Über Stunden kurven wir bergauf, bergab, alles schaut so gleich aus. Jedoch der Mongole behält seine Ruhe.

Scheinbar endlos irren wir herum, ich plane schon meine Übernachtung im Freien. Und endlich findet der Fahrer den einzigen Durchschlupf, der von der Hochfläche ins Tal führt. Während unserer Herumkurverei habe ich nach einigem Üben seinen Namen gelernt: Eriwschtschich. Nun, dieser Mensch mit dem schwierigen Namen will mir unbedingt meine Büchse abkaufen. Dazu schiebt er mir ein Bündel „Tugrik" zu. Er kann es nicht fassen, dass ich die Scheiring-Kipplaufbüchse für einen solchen Haufen Scheine nicht hergeben will.

Endlich kommen wir bei unseren Jurten an. Es ist früher Nachmittag und ich kann es mir bequem machen. Draußen an der Zeltwand lehnt das Haupt meines guten Steinbockes. Jetzt werde ich mich in die Sonne setzen, Tee trinken, eine Virginia rauchen und die Stille und Weltferne als kostbarsten Genuss in mich aufnehmen. Vor meiner Jurte hocken palavernd die Angehörigen der Jäger-Sippe und bestaunen die schöne Beute. Den Männern spendiere ich Bier und Tabak, Frauen und Kinder bekommen Lollis und Cola. Zufrieden schmaucht und zutzelt die kleine Versammlung. Die Köchin bringt eine heiße Suppe und mongolische Ravioli: „Buuz". Sie lässt nicht locker, ich muss auch Yak-Zunge und kalten Braten probieren. Der ist reichlich zäh, der wurde sicher nicht unterm Sattel weichgeritten. Dann füttert sie mich auch noch mit köstlichen, gebratenen Hühnerschenkeln. Ich bin reif für einen Fernet aus dem Flachmann. Eriwschtschich kommt und schenkt mir eine Flasche mit trübem Inhalt. Vermutlich ist es Airag, vergorene Stutenmilch. Vorsichtig probiere ich unter den fragenden Blicken der Versammlung. Ich muss meine Züge beherrschen. Es schmeckt ausgesprochen fad, ganz sicher wird das nicht meine Leidenschaft. Schnell einen Fernet hinterdrein!

Spät am Abend brummt ein Jeep heran. Es sind die Freunde. Konrad ist ganz aus dem Häuschen. Er hat einen kapitalen Bock angeschweißt und trotz zäher Folge nicht bekommen. Er jammert nach seiner BGS-Hündin „Trixl". Mit ihr, die jährlich auf 30 bis 40 Nachsuchen aller Schwierigkeitsgrade erfolgreich ist, wäre es kein Problem gewesen, den Bock zu Stande zu hatzen. Ein Kontrollschuss zeigt, dass die Büchse nicht schuld ist. In dieser kristallenen Luft sind Entfernungen sehr schwer zu schätzen, zumal es keinerlei Bäume als Vergleichsmaß gibt. Morgen soll er meine bewährte Scheiring nehmen. Seiner 308 traut er auf die weiten Entfernungen nicht mehr.

Wenig später trifft auch der Peter ein. So fix und fertig habe ich den Freund noch nie gesehen. Elfeinhalb Stunden im Berg, ohne Essen und vor allem ohne Trinken. Moustache hatte allen Proviant im Auto vergessen. Zu allem Unglück hatte der Peter auch noch neue, zu wenig eingelaufene Bergstiefel an. Jetzt wird es gewaltige Wasserblasen geben. Wild kam ihnen nur ganz von ferne in Anblick. Der Wind passte nicht, und weg waren die Steinböcke. Der Freund ist völlig ausgedörrt, er kann nur trinken, noch nichts essen. Es wird dann aber doch noch ein recht lustiger Abend. Der Oskar holt eine weiß-blaue Girlande aus seinem Koffer. „Bavarian Style". Mit ihr werde ich als erster Erleger feierlich bekränzt. Der Konrad hat für diesen Anlass eine Flasche Heidsieck, die wir in dem eisigen Rinnsal vor unserer Jurte herrlich kühlen konnten. Dann muss auch noch Peters „Black-Label" dran glauben. Wie gesagt, es wurde ein recht lustiger Abend.

5. Juni

Um halb fünf Uhr Wecken. Heute kann ich den Peter unbeschwert begleiten und mich ganz dem Fotografieren widmen. Mir gelingen auch ganz gute Bilder von Gänse- und Lämmergeiern, die überm Peter kreisen, als er in der Mittagssonne sein Schlaferl macht. Wir sehen Gerfalken, ein Königshuhn, Steinrötel, Wiedehopfe und Bergammern. Doch Steinwild bekommen wir nur einmal in Anblick, zwei geringe Böcke.

Schon am frühen Nachmittag kehren wir zurück. Ich gönne mir erfrischende Wassergüsse aus dem eisigen Bach. Wie neugeboren bin ich hernach. Im Steppengras hocken malerisch die Mongolen um ein Feuer mit einem kochenden Wasserkessel. Darin brodelt das Steinbockhaupt.

Um 20 Uhr 30 kehren unsere Freunde heim. Große Freude neben tiefer Enttäuschung. Der Konrad hat einen sehr guten 10-jährigen Bock erlegt. Der Oskar dagegen hat mit seiner 308 vorbeigeschossen. Morgen will auch er meine 300er Winchester.

Peters Füße schauen schlimm aus. Jeder Schritt bedeutet Qualen. Fünfmarkstückgroße Wasserblasen haben sich gebildet. Zum Glück ist der Oskar als Bergwachtler medizinisch bewandert. Mit Ringelblumensalbe versorgt er die armen Füße aufs Beste. Heute bleiben wir alkoholfrei und bald herrscht Ruhe, denn morgen heißt es wieder ums erste Hahnenkrähen „auf die Läufe".

6. Juni

Heute geht's wieder in die gleiche Gegend wie am ersten Tag. Der Sohn des Jägers wird zu Pferd vorausgeschickt, um noch einen zusätzlichen Beobachter zu haben. Als wir mühevoll am Bergkamm angelangt sind, ist er bereits da. So ein Reiter ist halt doch in diesem Gelände beweglicher als ein Allrad-Auto. Wie eine Katze hockt er auf seinem kleinen Mongolenpferd. Ich stelle mir vor: wie die „Goldene Horde" des Dschingis Khan auf ebensolchen zähen Gäulen die Welt in Schrecken versetzte. Er hat das große Rudel des ersten Tages ein paar Höhenzüge weiter entdeckt. Vorsichtig suchen wir uns einen Ausguck, um zunächst einmal zu beobachten. Gerade ziehen die Böcke etwa einen

Kilometer entfernt über einen Grat. Sie halten auf uns zu und begeben sich im Schatten eines Gipfels zur Siesta. Mit dem Spektiv erkennen wir mehrere ganz kapitale, alte Burschen noch in ihrer fast weißen Winterdecke. Jetzt heißt es erst einmal warten, bis sich die ganze Gesellschaft niedertut. Hinter der Felsmauer, die uns verbirgt, entdeckt der Peter einen wahrlich kapitalen Fallwild-Schädel. Er vermisst: 128 cm Schlauchlänge! Viele solcher Schädel finden wir, von Steinwild und Argali.

Die zahlreichen Wölfe reißen zumeist die alten, schwereren Böcke und Widder, die beim hohen Schnee tiefer einsinken als die leichteren jungen.

Das Steinwild hat, seit es von devisenbringenden Jägern bejagt wird, reichlich zugenommen. Es stellt einen hohen Wert dar, bringt Geld bis in die hintersten Täler und somit mehr ein als Wilderei.

Mittlerweile hat sich unser Rudel ganz in den Schatten verzogen. Die Herren Böcke haben sich wiederkäuend niedergetan. Man sieht deutlich, wie sich die meisten der etwa sechzigköpfigen Versammlung seitlich zum Schlafen umlegen. Einige am Außenrand jedoch halten Wache und sichern nach allen Seiten. Jetzt wird es Zeit für den Peter, die Gesellschaft anzupirschen. Mit Moustache und dem Jäger verschwindet er in der Überriegelung.

Wir Zurückgebliebenen beobachten gespannt von hoher Warte aus die Entwicklung der Jagd. Endlich sehe ich den Freund, wie er sich in Schussposition einrichtet. Doch plötzlich, ohne dass ein Schuß gefallen ist, wird das Rudel schlagartig hoch. Noch kein Schuss. Und ab geht die ganze Gesellschaft. Und wie auf geheimes Kommando bleiben sie verhoffend stehen. Immer noch kein Büchsenknall. Sicher stehen sie zu eng beisammen. Wieder kurzes Flüchten und abermals ein kurzes Haberl. Jetzt endlich dringt der Hall eines Schusses zu uns herauf. Ich sehe die Böcke nun in haltloser Flucht, eine Staubwolke hinterlassend, in der Talsenke verschwinden. Drunten erkenne ich eine winkende

Gestalt. Wie der Blitz bin ich auf den Läufen und springe mit den Mongolen um die Wette über die kippeligen Schieferplatten zum Peter hinab. Noch ein wenig atemlos stehen wir bei dem glücklichen Erleger, der bei seiner Beute kniet.

Er hatte einen hochkapitalen Bock schon im Zielfernrohr, als die Wachposten das Blinken der Sonnenbrille des allzu neugierigen Moustache wahrnahmen. Immer den Starken mit ihren Körpern deckend, flüchteten sie so, dass ein Schuss, ohne weitere Stücke dabei anzuschweißen, unmöglich war. Und in allerletzter Sekunde hat der Freund einen anderen Bock am Rande des Rudels mit blitzschnellem Entschluss erlegt. Es ist zwar kein so alter Bock, wie ersehnt, aber mit seinem wunderbar weit geschwungenen Gehörn bekommt er von uns den „Schönheitspreis". Die Mongolen lösen sich die Schlegel aus. Sicher weil's ein jüngeres Wild ist.

Am Heimweg rasten wir bei atemberaubender Fernsicht inmitten von unzähligen blauen Küchenschellen. Kaum getraut man sich hinzusetzen, so dicht an dicht blühen sie hier. Bald, nach den ersten Regenfällen sollen die Matten von Edelweiß übersät sein.

Der Peter tut sich immer schwerer mit dem Gehen. Seine Blasen schmerzen ihn fürchterlich. Er sagt, es war höchste Zeit für seinen Erfolg. Keinen weiteren Kilometer hätte er mehr gehen können. Wenn man seine Sohlen anschaut, nötigt es einem vor seinem Durchhaltewillen Respekt ab.

Am Rückweg passieren wir den Erlegungsort meines Steinbockes. Außer dem Haupt wurde der Körper komplett zurückgelassen. Auch nicht ein Haar kündet mehr vom Geschehenen. Geier, Wölfe und Füchse haben alles restlos verwertet.

Heimgekehrt empfängt uns ein überglücklicher Oskar. Er hat einen sehr starken Bock nach dramatischer Pirsch erlegt. Jetzt schaut er sich Peters Füße an und sticht die schmerzenden Blasen auf. Dann salbt und verbindet er den Patienten. Er wird von uns zum Oberschamanen ernannt.

Nun beginnt ein Abkochen und Putzen der Trophäen, denn wir beschließen, noch in dieser Nacht abzureisen, um übermorgen noch einen Tag für Peking frei zu haben.

7. Juni

Um 1 Uhr fahren wir ab. Eine lange Nacht steht uns bevor. Unglaublich gut ist der Ortssinn unseres Fahrers. In rabenschwarzer Nacht findet er den Weg, wo doch jegliche markanten Anhaltspunkte in der Landschaft fehlen. Es ist weder eine Straße noch eine Fahrspur zu erkennen. Doch die Menschen hier haben noch unverfälschte, von unnötigem Ballast freie Sinne. Und im Morgengrauen erkennen auch wir, ja, da waren wir schon am Herweg.

In Khoft angekommen, haben wir noch einige Stunden zu warten und dämmern vor uns hin, bis wir unseren Brummer nach Ulan Bator besteigen können.

Für meinen Geschmack kehren wir viel zu früh in die Zivilisation zurück.

8. Juni

Nach erholsamer Nacht in unserem Hotel und ausgiebigem Duschen holen uns unsere Mongolen ab, um uns die Stadt zu zeigen. Sehenswert außer dem buddhistischen Kloster ist das Jagdmuseum mit Präparaten von heimischem Wild und liebevoll gestalteten Dioramen. Beeindruckend ist der klotzige Weltrekord-Argali.

Wir haben in Ulan Bator einen guten Bekannten, der hier eine Handelsniederlassung betreibt. Dort verpacken wir unsere Trophäen. Sie werden als Beipack mit Containern voller Maralhirsch-Abwurfstangen mit der „Transsib" nach München reisen.

Mittags geht unsere Maschine nach Peking. Bis zum Flugsteig begleiten uns Yugeer und Moustache. Sie schleusen uns durch alle Widernisse der Zollabfertigung. Man holt sonderbarerweise aus unserem Gepäck harmlose Dinge heraus, die die Mongolei nicht verlassen dürfen, wie einen Quarzbrocken oder den Schlauch einer Steingeiß. Dann eine letzte freundschaftliche Umarmung. Wir winken unseren mongolischen Freunden zu und sind uns sicher: Wir kommen wieder.

Prosecco, Prosciutto und ein Priester

„Mille grazie – tausend Dank, das ist wirklich lieb von Ihnen, uns auf die Jagd nach Italien einzuladen, aber wir möchten weder auf Amseln noch auf andere Singvögel schießen!"

Meine wenig taktvolle Absage, in Unkenntnis der wahren jagdlichen Zustände in Italien, möchte ich im Nachhinein der oft unsachlichen und tendenziösen Information durch die jagdfeindliche Presse anlasten.

„Amseln – Santo Gesù Bambino", war die entrüstete Antwort des uns einladenden Geschäftsfreundes, „die schießen wir hier nicht. Ich möchte Sie und Ihre Frau zur Fasanenjagd hier im Veneto einladen!"

Da war sie wieder, die überwältigend herzliche Gastfreundschaft, der wir immer in Italien begegnen. Unsere gemeinsamen Geschäfte waren äußerst bescheiden, doch unser Freund Livio hatte irgendwie mitbekommen, dass meine Frau und ich Jäger sind, und so wollte er uns eine besondere Freude machen. Erleichtert und erfreut, dass es „nur" auf Fasanen gehen sollte, sagten wir gerne zu.

In froher Erwartung gingen mir die lebendigen Schilderungen Hemingways über die Entenjagd in den Lagunen von Venedig im Kopfe herum. Genauso wie die spannenden Geschichten von Philipp Graf Meran über die Wasserwild-Jagden in der Valle. Dass diese Jagd etwas ganz Anderes würde, war mir jedoch völlig klar.

Am Vorabend der Jagd, Livio hatte uns wieder einmal ganz romantisch in einem alten Castello an der Brenta untergebracht, wurden wir mit den jagdlichen Gepflogenheiten vertraut gemacht. Mit von der Partie war Pino. Er war Mitglied der örtlichen Jagdgesellschaft. Im Gegensatz zu Livio, schlank wie ein Fechter, hatte er die Statur und Beweglichkeit eines guten Flintenschützen, als den wir ihn auch anderntags erleben konnten. Das Revier wurde von den Mitgliedern jeweils nur an zwei Wochentagen – mittwochs und samstags – bejagt. Jeder Schütze durfte nur drei Fasanen pro Tag erlegen, was vom Jagdaufseher beim Verlassen des Reviers kontrolliert werden musste. Wir, als die deutschen Gäste, sollten dagegen „freie Flinte" haben.

Der Abend mit den Freunden wird uns immer in besonders froher Erinnerung bleiben. Der Gastgeber legte seinen ganzen Stolz darein, uns die kulinarischen Spezialitäten der Region auftischen zu lassen. Dazu gehörte natürlich auch der von hier stammende Prosecco. Der durfte keinesfalls zu den Köstlichkeiten fehlen. Man erklärte uns, dass Prosecco aus der nur hier angebauten Traubensorte gleichen Namens gekeltert würde. Es gibt ihn als frizzante, also als Flaschengärung, am besten hergestellt nach Champagner-Methode, und als stillen, das heißt, normal ausgebauten Wein.

Gewürzt und umrahmt wurde das Ganze mit Jagdgeschichten und Jägerliedern aus Italien und Deutschland, bis selbst der stille Prosecco zu schäumen begann. Anstrengend war nur der im Laufe des Abends immer schneller sprudelnde dialetto veneziano. Aber auch hier gab's zum Glück Hände und Füße zur besseren Verständigung.

Die Sonne des neuen Tages fand uns relativ klaren Kopfes. Die Polenta, als Beilage zu den vielfältigen, köstlichen Gerichten, hatte wie ein reinigender Filter allen Alkohol-Überschuss neutralisiert.

Der Treffpunkt der kleinen Jagdgesellschaft war, wie kann es in Italien auch anders sein, in einer Bar an der Piazza des kleinen Dorfes.

Livio und Pino begrüßten uns ein wenig besorgt, ob uns denn auch alles gut bekommen wäre. Doch diese Sorge konnten wir den Freunden von der Seele nehmen. Die Weine waren sauber und gut. Das italienische Frühstück war landesüblich karg und wäre für unsere Gewohnheit noch ein wenig aufzupeppen gewesen. Das sollte gleich geschehen. Pino hatte einen Freund, der für die Herstellung des berühmten „Prosciutto San Daniele" mitverantwortlich war. Dieser wurde wort- und gestenreich telefonisch herbeordert. Es seien hier Freunde aus Deutschland, cacciatori tedesci, nota bene bavaresi, die seien am Verhungern, und das verstoße gegen die Ehre der Nation.

Nach dem knappen Zeitraum von zwei belebenden Espressi brauste mit elegantem Schwung ein Alfa vor und der Prosciuttore Giovanni betrat schmunzelnd die Bühne des Geschehens. Unterm Arm trug er einen ganzen, prächtigen San Daniele-Schinken. Der würde hoffentlich, wie er meinte, für den ersten Hunger der „darbenden Bayern" reichen. Sofort schleppte der Bar-Besitzer ein riesiges Holzbrett und ein dazugehöriges großes Messer herbei. Und nun wurde der Anschnitt zelebriert. Mit der Maschine, hieß es, das sei vulgär, einen so guten Schinken müsse man Scheibe für Scheibe, mit einem speziellen Messer wie eine Kostbarkeit kredenzen. Jetzt hob ein fröhliches Speisen an. Brot war plötzlich, wie von Zauberhand, auch auf dem Tresen. Wir hatten auf einmal keine Eile mehr, ins Revier zu kommen.

Plötzlich, es war ja noch früh am Morgen, schnurrte ein alter, winziger Fiat Cinquecento herbei.

Dem entstieg ein gewaltiger Mensch in schwarzer Priestersoutane. Von allen herzlich begrüßt – Pater Don Antonio. Er ließ sich nicht zweimal bitten und langte, wie es seiner Statur zukam, kräftig mit zu.

Hier sei mir ein Wort zum italienischen Frühstück gestattet. Wir hatten einmal in München eine italienische Woche, zu der eine vielköpfige Delegation aus allen Regionen Italiens angereist war. Als ich am Morgen des Kongresses unseren umbrischen Geschäftsfreund im Hotel abholen wollte, hieß es, die Herren seien alle noch beim Frühstück.

„Was ist denn da los?!" dachte ich mir, „ich denke die Italiener frühstücken nur mit einem Espresso zur Morgenzigarette!?" Ich fand die ganze Gesellschaft beim Frühstücksbuffet, mit vollen Tellern und vollen Backen fröhlich schmausend, alle Herrlichkeiten durchprobierend. Vom Omelett mit Schinken, vom Rührei über Wiener Würstchen bis zum Müsli, vom Croissant bis zur Honigsemmel, alles hatten sich die Herren aufgeladen.

„Strano – seltsam," sagte mein Geschäftsfreund, „da können Sie mal sehen, wie standhaft wir Italiener den Versuchungen widerstehen.

Doch nun wieder zurück an die Bar!

Voller Sorge dachte ich: „Das kann ja eine gefährliche Jagd werden, wenn schon jetzt vorsorglich ein Priester kommt, der uns vielleicht den letzten Segen geben muss. Man hört und liest ja immer, wieviel Tote es auf den Jagden jenseits des Brenners gibt." Wieder war ich ein Opfer der boshaften Pressekampagne, wie sich herausstellen sollte.

Während unseres ausgiebigen Frühstückens war Don Antonio plötzlich wieder verschwunden. „Nun", so dachte ich, „das war wohl doch kein seelsorgerischer Akt. Der sollte wohl nicht Maß nehmen für unsere letzte Ölmenge."

Auf einmal stand ein Jäger im Raum, der ganz wie Don Antonio aussah. In seinem Fall wäre es unpassend, zu sagen: Er sah ihm „verteufelt" ähnlich. Der Gottesmann hatte sich nur umgezogen und sich auch in einen von uns Cacciatori verwandelt.

Gut gestärkt zu neuen Taten sollte es jetzt losgehen. Alles stieg in die Autos. Der gewaltige Don Antonio quetschte sich in sein „Spuckerl", freudig begrüßt von einer wunderschönen Deutsch-Kurzhaar-Hündin. Wie die zwei da in dem winzigen „Topolino" nur Platz gefunden haben?

Das Jagdgebiet liegt im „brettl-ebenen" Schwemmland der Gebirgsflüsse, die im Frühjahr mit ihren Schmelzwassern oft gefährlich über die Ufer steigen. Im Norden erheben sich die Alpen bis zu den jetzt schon schneebedeckten Gipfeln der Dolomiten. Von schilfumstandenen Abzugsgräben, kleinen Wein- und Obstgärten, dazwischengestreuten Brachflächen bis zu kleinbäuerlichen Getreide- und Maisfeldern bietet es dem Fasan gute Deckung und Äsung. Hohe Buschgruppen und himmelstrebende Pappeln veranlassen das getriebene Wild zu steigen. So werden die gefährlichen und auch reizlosen flachen Schüsse weitgehend vermieden.

Wir meldeten uns ordnungsgemäß beim Jagdaufseher. Es war beruhigend zu sehen, dass man ein sicheres System anwendet, dass sich die einzelnen Jägergruppen nicht in die Quere kommen können. Jede Partie bekommt ihr eigenes Gebiet zugewiesen.

Auch hier wurden wir herzlich begrüßt und mussten zum Einstand ein Glas jungen Most aus eigenem Anbau auf den kommenden Erfolg probieren. Dann entließ uns der Guardacaccia mit einem kräftigen Waidmannsheil „in bocca al lupo!"

Unsere italienischen Freunde wollten eher bewaffnete Treiber sein und uns so die Möglichkeit bieten, reichlich Strecke zu machen. Livio, der einzige Nichtjäger, musste als „ungelernter Schreibtischtäter" erst angewiesen werden, was er zu tun hätte. Das war weiter nicht schwer, Pino scheuchte ihn in die Büsche. Dina, die Hündin von Don Antonio, suchte vorbildlich unter der Flinte und ließ sich mit leisen Zurufen und Winken wie ferngesteuert dirigieren. Weit vor uns sahen wir die ersten weißberingten Hälse der vor uns fortstrebenden Gockel sich wie Schlangen durch das hohe Herbstgras davonwinden.

Wir hatten bald die erste größere Deckung erreicht, die wir nun umstellen konnten. Es war ein Weidendickicht, jenseitig von einem breiten Bach begrenzt. Auf der anderen Seite des Wasserlaufes standen hohe Pappeln. Wir sollten uns nun hinter den Bäumen aufstellen und Livio und Don Antonio wollten die Gockel uns zudrücken. Pino führte uns über einen schmalen Steg ans andere Ufer. Wir suchten uns unsere Plätze und erwarteten den Beginn des kleinen Treibens.

Die ersten Vögel, hoch über den Pappeln, kamen pfeilschnell direkt über Kopf. Aufgeregt, wie ich war, fehlte ich mit beiden Rohren. Pino war zum Glück als Bremser hinter uns gestanden, und ich sah ihn mit ruhigen Bewegungen anbacken. Voll getroffen, warf es zweien den Kopf zurück, mit schwerem Fall schlugen die Gockel hinter dem Schützen ins fahle Riedgras. Eine kleine bunte Federwolke schwebte im leichten Wind zu Boden.

Ja, so muss man's machen! Doch zu langer Bewunderung hatte ich nicht Zeit, schon kamen die nächsten über die Wipfel. Jetzt zeigte meine Frau, dass wir nicht nur danebenschießen können. Einen Nachzügler konnte ich vom Himmel holen. Er fiel dem hinter mir stehenden Pino vor die Füße. „Ben tiro", guter Schuss, rief er uns lachend zu und zog vor meiner Frau anerkennend die Mütze. Hinter den Pappeln sah ich einzelne Hähne Höhe gewinnend zurückstreichen. In schneller Folge knallte es drüben zweimal, und zwei Gockel, jäh in ihrem schnellen Fluge gebremst, klappten die Schwingen zusammen und fielen.

Immer neue Fasanen standen gockend auf, und wir ließen keinen mehr aus. Bald waren unsere Treiber-Freunde bei uns. Wir hoben die herrlich bunten Vögel aus dem Gras. Sie waren unglaublich schwer. Vielleicht auch polentagefüttert? Ein nur Geflügelter musste von der Kurzhaar-Hündin nachgesucht werden. Ruhig setzte Don Antonio die Dina da an, wo der Vogel niedergegangen war. Rutenwedelnd verschwand die Braune. In einiger Entfernung sahen wir sie den immer wieder hochspringenden Gockel fassen. Schnell war sie wieder bei uns, setzte sich ohne Kommando und gab den noch lebenden Vogel ihrem Herrn. Ich zog lobend den Hut.

Schmale Maisfelder, die für Körnermais noch standen, flankierten wir links und rechts, und die Freunde gingen in der Mitte durch. Bald zog mich mein Hühnergalgen an der Jagdtasche bedenklich nach der Seite. Schlaufe um Schlaufe füllte sich mit Beute. Da Bekassinen auch frei waren, so konnten unsere Mitjäger, die ihr Soll an Fasanen schon erfüllt hatten, noch auf weitere Beute hoffen. Und schon fuhr mit lautem „Gätsch!" zickzackend ein Langschnabel aus dem sumpfigen Riedgras. Schnell, wie ein Kunstschütze, fast aus dem Hüftanschlag, holte Pino sie vom Himmel. Bis ich einen bewundernden Ausruf herausbringen konnte, zackte schon eine zweite vor uns weg und fiel gleichermaßen schnell geschossen zu Boden. Alle Achtung, Doublette auf Bekassinen! Und noch dazu schoss Pino so fix, bevor die Vögel in Geradeausflug übergehen konnten. Als nächstes war meine

Frau dran, die jedoch weder auf „Zick" noch auf „Zack" schoss, sondern die ruhigere Flugphase abwartete. Auch das rief Bravo-Rufe hervor. Unsere Strecke konnte sich sehen lassen.

Beim Durchgehen eines trockenen Schilfstreifens wischte wie ein roter Blitz ein Fuchs vor mir aus seinem sonnigen Lager. Bis ich die Flinte hochbrachte, war er in der Deckung verschwunden. Jetzt knallte es zweimal bei Pino. Er rief nach der Hündin. Der Fuchs war nur angeschweißt und noch sehr flott außer Schussweite verschwunden. Gleich war Don Antonio bei ihm und ließ die Brave suchen. Da sahen wir den Fuchs weit entfernt über einen Wiesenstreifen flüchten. Und hinterdrein die laut jagende Kurzhaar-Hündin. Schon hatte sie den Reineke eingeholt und schlug ihn sich ohne Wenn und Aber um die Behänge. Das war eine Spitzenleistung. Wir gratulierten dem stolzen Hundeführer. Erst den Fasan ohne zu Knautschen, lebendig zu bringen und dann den Rotrock so beherzt abzutun; das war allererste Sahne! Ich hatte selber einige Würfe Deutsch-Kurzhaar gezüchtet, alle meine Hunde ins Gebrauchshunde-Stammbuch gebracht, da durfte ich schon beeindruckt sein.

Nach dieser spannenden und aufregenden Einlage lud uns die milde Herbstsonne zur Rast. Eigentlich, so fanden wir beide, hätten wir im Hinblick auf das sonstige Limit der einheimischen Jäger genug geschossen. Wir waren hoch zufrieden und sagten das auch unseren Freunden. Doch noch eine schilfbestandene Deckung wollten sie mit uns bejagen, es würden dort vielleicht noch einige Bekassinen liegen.

Um dahin zu kommen, waren Abzugsgräben zu überspringen. Bei einem besonders breiten mussten wir mit Anlauf den Sprung wagen, denn eine Brücke war nirgends vorhanden. Wir Schützen hatten bereits das jenseitige Ufer trockenen Fußes erreicht, als auch der schwergewichtige Livio den weiten Satz wagen musste. Auf unserer Seite zwar glücklich gelandet, fiel er jedoch auf die Knie, stützte sich noch mit den Händen ab und spießte sich einen abgemähten Schilfstängel in den Handballen. Zudem fasste er mit der gleichen Hand auch noch schmerzhaft in einen rostigen Stacheldrahtrest.

Er wurde leichenblass, als er sein Blut rinnen sah, und rief angstvoll nach seiner Mama.

Wir spotten, wenn ein ausgewachsener Mann in Not nach seiner Mama ruft. Doch diesen Spott sollten wir uns verkneifen. Bei uns wird ja das Wort „Mutter" oftmals geradezu abfällig gebraucht. Wenn beispielsweise jemand unentschlossen Auto fährt, dann heißt es gleich: „ Du liebe Zeit, schon wieder so ne Mutter am Steuer!" In den USA, die sich gerne als „the leading nation" bezeichnen, hat man eine Mega-Bombe hergestellt. Sie wurde stolz als die „Mutter aller Bomben" bezeichnet. Es spricht für die Perversion des Denkens, wenn jenes Wesen, das Leben schenkt, nun als Name für eine Waffe, die millionenfachen Tod bringen soll, missbraucht wird.

Die Italiener halten die Mutter hoch in Ehren, selbst in ihren Liedern, die zu den Paradestücken der großen Tenöre, wie Pavarotti, gehören, wird die Mama besungen.

Hier konnten wir den armen Livio nicht verarzten. Er war ernsthaft verletzt. Niemand hat bei so einer kleinen Jagd ein Erste-Hilfe-Set dabei. Also zurück zu den Autos!

Nach einer oberflächlichen Erstversorgung aus der Bordapotheke fuhr Pino den Ärmsten zum Arzt. Wir Zurückgebliebenen brachen jetzt die Jagd ab und wollten beim Jagdaufseher die Rückkehr der beiden Freunde erwarten.

Der Guardacaccia kontrollierte die Kofferräume der Autos und trug die Zahl der erlegten Fasanen in eine Liste ein. Eine Karaffe mit schäumendem Most wurde ausgeschenkt, und er lud uns ein zum Verweilen. Seine Frau wäre bei der Zubereitung eines Jägermahles.

„Accomodate Vi! Macht's euch bequem, ihr seid meine Gäste!" Entspannt und zufrieden saßen wir in der milden Nachmittagssonne und durchlebten noch einmal die vergangenen Ereignisse.

Nach etwa einer Stunde waren unsere beiden, Livio und Pino, wieder zurück. Livio mit dick verbundener Hand. Er war genäht worden und hatte eine Tetanusspritze bekommen. Wie gut, ihn wieder unter uns zu sehen. Dann bat man uns in die Loggia des Jägerhauses zum Essen. Chiara, die Frau des Aufsehers, hatte ihren ganzen Stolz darein gelegt, uns ein typisches Jägergericht zu kochen: Rehgulasch a la Veneziana. Zur Vorspeise durfte die Pasta mit Vongole nicht fehlen. Wir langten gut zu, denn es war echt und gut und liebevoll zubereitet.

Pino tuschelte ständig verstohlen mit Livio und zwinkerte uns vielsagend zu, womit wir aber nichts anzufangen wußten. Was hat er vor? Wohlgesättigt streckten wir unsere Füße aus, die Jacken hatten wir in der milden Wärme ohnehin schon längst abgelegt.

Bevor wir vor lauter Wohlsein schläfrig werden konnten, rollte ein kleiner Lieferwagen vors Haus: „Pasticceria Pino Manin" stand auf der Seitenscheibe.

„Was wird das?" fragten wir uns. Ein Mann trug einen großen Karton herbei, und Pino, wie ein Zauberer, der seinen Trick präsentiert, hob effektvoll den Deckel ab, die Seitenwände klappten herunter.

Lautes „Ah" und „Oh" ertönte in der Runde. Eine gewaltige Torte wurde herausgehoben.

„Ecco – la famosa torta Monte Bianco!" Schaut her – die berühmte Torte „Monte Bianco".

Ein wahres Kunstwerk, verziert und verschnörkelt, eigentlich zu schade zum Anschneiden. Doch Pino schwang schon das große Tortenmesser. Jedem wurde ein Stück aufgeladen, das allein schon satt gemacht hätte. Doch was war das für eine Köstlichkeit? Der Biskuitteigmantel außen mit reichlich Sahnecreme verziert, oben drauf ein weißer Baiser-Berg. Und das Raffinierte daran: innen war sie gefüllt mit dem feinsten Vanilleeis, das man sich erträumen kann. Nicht von ungefähr kommen die berühmtesten Gelatieri – Eismacher – aus dieser Region. Die Überraschung war gelungen. Noch nie hatte ich solch eine raffinierte Nachspeise gegessen. Ich musste mir einfach noch ein zweites Stück geben lassen. Dafür bekam ich dann den Ehrennamen „ buona forchetta"

– gute Gabel, was im Lande der weltberühmten Küche wohl als Auszeichnung zu verstehen ist. Auch Livio hatte wieder seine roten Backen zurückgewonnen. Das Mahl hatte ihn hilfreich Schrecken und Schmerz überwinden lassen.

Noch lange saßen wir in dieser gleichgesinnten Runde, bis die Abendkühle zum Aufbruch mahnte. Die Freunde ließen es sich nicht nehmen, uns sämtliche Fasanen, trotz unseres Protestes, in den Kofferraum zu packen.

Um liebe Freunde und liebe Erinnerungen reicher, rollten wir am anderen Tag der Heimat zu.

Wie immer, wenn wir Italien verlassen, schworen wir uns, ab jetzt mindestens eine Woche keinen einzigen Bissen mehr zu essen. Doch die festen Vorsätze schmolzen, wie jedesmal, bereits in Bozen wieder dahin.

Mit unseren dortigen Freunden trafen wir uns auf dem luftigen Ritten. Bei einem Törggelen-Umtrunk schenkten wir die Hälfte der bunten Vögel, stilvoll zur Strecke gelegt, mit Kastanien dekoriert, unseren Südtirolern.

Virus mongolicus

Kaum hundert Meter entfernt zieht gemächlich in langer Reihe Steinbock auf Steinbock über den Berggrat. Zuerst ein paar geringe, jüngere Böcke und dann immer stärkere. Zuletzt, ganz geruhsam, ein gewaltiger Pascha mit wehendem Kinnbart. Seine riesigen, weit geschwungenen Hörner reichen fast bis zur Kruppe. Mein Puls rast, der Atem geht keuchend in der Höhe von fast dreieinhalbtausend Metern. Vorsichtig bringe ich meine Kipp-laufbüchse an die Schulter. Jetzt gilt's! Da knattert neben mir ein Maschinengewehr los. Ich fahre entsetzt hoch: „Wo bin ich?" Mühsam aus einem Traum erwachend, finde ich mich zurecht – ich bin daheim in meinem Bett, und das Maschinengewehr waren die schlackernden Behänge meines Schweißhundes, der sich in seinem Körbchen neben meinem Bett neu zurechtlegt und sich eben nur mal „gebeutelt" hat.

Das ist einer der häufigen Ausbrüche jener Sehnsuchts-Viren-Krankheit, die ich nie los werde.

Die Grund-Infektion dafür holte ich mir bei einer ersten Reise mit drei lieben Jagdkameraden. Auch mein Freund Peter, der mit dabei war, hat mit stetigen Fernweh-Anfällen zu kämpfen.

Diese erste Begegnung mit der Mongolei verschafften wir uns durch die Vermittlung eines deutschen Jagdbüros, das sich als professionelles Reiseunternehmen anbot. Wir wollten nicht nur jagen, sondern auch, wenn wir schon um den halben Erdball düsten, etwas vom Land sehen. Die Reise sollte über Peking mit entsprechendem Programm gehen, was den jungen Berater in dieser Firma sehr verwunderte. Er sagte: „Halten Sie sich dort nicht lange auf. Für die Jagd brauchen Sie nur einen, höchstens zwei Tage. Die meisten Jäger kommen schon am ersten Tage zu

Schuss. Dann können Sie schon wieder heim. Und merken Sie sich eins – wenn Sie einen Wolf sehen, schießen Sie, selbst wenn es sechshundert Meter weit sein sollten. Irgend etwas bekommt er immer ab!"

Nun, wir sind diesem „Waidmann" die passende Antwort nicht schuldig geblieben. Obwohl unsere einwöchige Reise damals ein jagdlicher Erfolg wurde, so blieb doch unsere ungestillte Neugier, etwas mehr von dem schönen Land zu sehen – und nicht nur durchs Zielfernrohr.

Wir kamen bei jener Gelegenheit in Ulan Bator in Kontakt mit Leuten des dortigen Jagd- und Reiseveranstalters „Mongol Safari". Da wir über dieses Unternehmen hervorragende Auskünfte erhalten hatten, merkten wir uns gerne die Adresse für künftige Pläne vor.

Schon bald ließ uns der Virus Mongolicus keine Ruhe, Faxe und E-mails gingen hin und her, sodass wir, der Peter und ich, zwei Jahre darauf die Reise antreten konnten.

Jetzt gibt es ja den bequemen Direktflug nach Ulan Bator, doch wir mussten noch, wie beim ersten Mal, über Peking reisen und dort den ganzen „Waffen-Zirkus" über uns ergehen lassen.

Endlich, mit den ortsüblichen Verspätungen, trafen wir am Abend des 3. Juni in Ulan Bator ein.

Darmaa, unser Guide für die kommenden 14 Tage, erwartete uns am Gate. Eine hagere, hochgewachsene Jägergestalt, Ruhe und Besonnenheit ausstrahlend. Ganz nach unserem Geschmack. Der neue Airport war eine angenehme Überraschung, doch die Straßen in die Stadt sahen nach einem strengen Winter wie bombardiert aus. Die ganz tiefen Schlaglöcher hatte man durch Steinpyramiden markiert, sodass wir Slalom fahren mussten. Die Brücke kurz vor der Stadt, die über ein Flussbett führt, wies einen Spalt auf, dass die Reifen Gefahr liefen durchzusacken. Doch unser „Hotel Dschingis Khan" war vom Allerfeinsten.

Nachts wurde ich vom Donner eines schweren, nicht enden wollenden Gewitters wach. Da der Anschlussflieger schon um 7 Uhr starten sollte, war ich entsprechend früh auf den Läufen.

Beim Blick aus dem Fenster wollte ich meinen Augen nicht trauen: Draußen tobte ein schwerer Schneesturm und es lag schon fast ein halber Meter Neuschnee.

„Na Servus", dachte ich mir, „das kann ja heiter werden!" Und das wurde es auch. Am Flughafen herrschte entsprechend wildes Durcheinander, alle Flüge waren vorerst um zwei Stunden verschoben. Man brachte uns in einen schönen, neuen, aber eisig kalten Warteraum. Unsere warmen Klamotten waren bereits im Gepäck aufgegeben, wir mussten uns also wärmende Gedanken machen. Jede Stunde erneut die Durchsage, dass alle Flüge sich weiter verschieben werden.

Gegen Mittag stieß eine deutsche Jägergruppe zu uns, die ebenfalls auf Steinböcke ins Altai Gebirge wollte. Der deutsche Reisevermittler hatte den Herren nur drei Jagdtage empfohlen, von denen nun einer schon weg war, denn am Spätnachmittag wurden alle Flüge für diesen Tag gestrichen. Wir erfuhren später von einem der sechs Teilnehmer, dass nur einer von ihnen an dem einzig verbliebenen Jagdtag zu Schuss gekommen sei, alle anderen seien regelrecht im kniehohen Schnee stecken geblieben. Kommentar überflüssig.

Am nächsten Morgen erreichten wir in allerletzter Minute die Maschine, denn sie startete früher als angegeben. Die Zwischenlandung zum Tanken in Mörön, 1000 km weiter westlich, fand bei strahlendem, warmem Frühsommerwetter statt. Alles stieg aus, um sich die Beine zu vertreten. Ein Tankwagen fuhr an den alten Antonov-Hochdecker heran, der Benzinschlauch wurde unter der Tragfläche am Tank angeschlossen. Da sah ich, kaum traute ich meinen Augen, wie der Copilot lässig mit qualmender Zigarette im Mund auf eine Klappleiter stieg und ganz nahe an der Kopplung den Benzinfluss überprüfte. Fluchtartig machte ich den Absprung in die Steppe. Doch der Himmel ist mit den Seinen und wir gehörten dazu. Keine Explosion, kein Flammenmeer. Bald darauf knatterten wir weiter und waren um 13 Uhr, gut geschüttelt (und nicht gerührt), in Khovd.

Der prächtig goldgezahnte Bezirksjägermeister lud uns zu einem liebevoll bereiteten Hammel-Essen ein, und dann bestiegen wir zu fünft, Fahrer Enkhbat, Guide Darmaa, Köchin Lara, Peter und ich, den Russen-Jeep. Zum Glück war das Dach des Autos wie bei der ersten Reise aus Segeltuch und das Decken-Gestänge gepolstert, denn die Bodenwellen warfen uns oft mit Schwung an die Decke. Die Fahrt ins Jagdgebiet, das etwa so groß ist wie ganz Oberbayern, war allein schon ein Abenteuer für sich. Auf der ganzen Strecke von zirka 280 km begegnete man kaum einem Auto. Teilweise war weder eine Sandpiste, geschweige eine Straße erkennbar. Doch wie ein Zugvogel fand der Fahrer den Weg durch Halbwüsten und enge Felsenschluchten. Ständig kochte der Kühler bedrohlich, und ab und zu mussten wir Halt machen, den Kühler in den ständig zunehmenden, eisigen Sturm stellen und warten, bis die Temperatur des Kühlwassers sank.

Wir fanden im peitschenden Sandsturm ein Rinnsal und der Fahrer Enkhbat füllte literweis' Wasser in den Kühler. Jetzt, o Wunder, ging's problemlos weiter. An jedem Owoo, den Opferhügeln, wurde wie es der Brauch erfordert, den Geistern ein Wodka-Trankopfer für gute Reise gebracht. Die teilweise zugewehte Sandpiste erkannte man nur an den bleichen Skeletten verunglückter Herdentiere und den leeren Wodkaflaschen der einsamen Überlandfahrer.

Um 21 Uhr erreichten wir unser Camp, das auf einer Höhe von 2700 m lag. Dort begrüßten uns die zwei einheimischen Jäger: Gombodordsh, der uns als „Master-Poacher", also Meister-Wilddieb vorgestellt wurde. Ein kleiner, etwa 25-jähriger, zäher Typ mit flinken Augen. Der andere, Tsedendordsh, ein in Camouflage gekleideter, mit seiner Ruhe Vertrauen einflößender Jägertyp mittleren Alters. Eissturm jagte uns in die Jurte. Drinnen bullerte der mit Yak-Dung beheizte Kanonenofen, es war warm wie in der Sauna. Unsere Köchin versorgte uns reichlich mit guten Speisen, ein junger Bursch kam alle 20 Minuten, um den Ofen nachzuheizen. Der Sturm trieb bald alle Wärme hinaus. Die Jurte war am Boden nicht ganz abgedichtet, wohl schon auf Sommer eingestellt. Unsere Betten waren weich und durchhängend wie Hängematten: ich hörte meinen Peter die ganze Nacht jammern, er hatte nämlich arge Probleme mit seinen Hüften. Der tobende Sturm rüttelte an der Jurte, und plötzlich jagte eine fauchende Bö meine Bergschuhe kollernd über den gestampften Boden. Wir hatten alle unsere warmen Sachen übereinander angezogen und schliefen mit Wollmütze und Handschuhen bei 5° C unter Null.

Ich blättere in meinem Tagebuch:

Dienstag 6. Juni

Um 4 Uhr kommt leise unser Heizer herein und macht Feuer. Wir sortieren und strecken unsere gemarterten Gebeine. Draußen heult und tobt immer noch der Sturm, jetzt mit Schnee und Eisnadeln gewürzt. Wir Gamsjäger sind einiges gewöhnt, doch jetzt haben wir Zweifel, ob man da jagen kann. Ich übersetze Darmaa unseren Spruch: „Wenn der Wind jagt, soll der Jäger nicht jagen." Der zuckt nur die Achseln, er findet das Wetter ganz passabel. Um 5 Uhr, es ist noch dämmrig, geht's los. Wir fahren vorbei an unseren Jurten-Nachbarn, Nomaden mit zirka 200 Kaschmir-Ziegen, Schafen, Pferden und Yaks. Hupend bahnt sich unser Fahrer den Weg durch die schlafenden Tiere. Darauf stürzen sich die riesigen Hirtenhunde auf den Jeep. Am liebsten würden sie in die Reifen beißen. Zu Fuß möchte ich hier nicht durchmüssen. Es geht erst durch eine Grassteppe, dann wird auf einer Anhöhe Halt bei einem Owoo gemacht. Darmaa zündet ein Gebetspapier an, wir alle schreiten Wodka opfernd um die Steinpyramide. Es ist ein anrührender Moment, diese naturnahen Menschen Verbindung knüpfen zu sehen mit einer Welt, die uns schon lang verloren gegangen ist. Jeder muss einen Schluck nehmen. Wir tun nur so als ob. So früh am Tag bringen wir das Zeug nicht hinunter. Das Tageslicht ist voll erwacht. Jetzt sind wir in den Bergen, ständig wird angehalten und die Hänge werden abgeglast. Die

Vegetation ist hier schon weiter als bei unserem letzten Besuch zur gleichen Jahreszeit. Die blauen Küchenschellen sind schon verblüht, dafür sehe ich unzählige andere bescheidene Gebirgsblumen. Wir verlassen den Wagen und steigen in ein weites Hochtal ein.

Ich überlasse mein Spektiv den Jägern. Sie wissen besser als ich, wo man das Wild zu suchen hat. Wir alle sind keine Brillenträger. Und doch, wenn sie mir mein Spektiv zurückreichen, ist es dermaßen falsch eingestellt, dass ich alles nur verschwommen sehe. Genauso ist es mit dem Fernglas. Haben sie andere Augen? Sind sie durch die unendliche Weite anders fokussiert, etwa wie bei einem Greifvogel? Wundern würde es mich nicht, denn sie sehen auf wahrhaft unglaubliche Entfernungen das Wild. Bilde ich mir doch ein, selber hervorragend zu sehen, daheim entdecke ich die Tiere meist sogar noch vor dem Berufsjäger. Doch sie besitzen wirklich Adleraugen.

Bis Mittag haben wir nur Anblick von geringen Böcken und einigen Steingeißen. Der Sturm ist abgeflaut, es ist sommerlich warm. Etwa 24° C.

Darmaa hat reichliche Brotzeit dabei, es gibt „Knorr 5 Minuten Terrine", nicht schlecht hier in der Wildnis. Wir sitzen im Windschatten und dann legen wir uns nieder und schlafen wohlig ein Stündchen im Sonnenschein. Während wir ruhten, haben unsere Jäger einen Erkundungsgang gemacht und einen guten, alten Bock in etwa 1 km Entfernung entdeckt. Zurück zum Auto und wegen des Windes das Felsmassiv umfahren. Dann sehen wir ihn auch aus guter Deckung, in großer Entfernung. Es heißt nicht umsonst: Wenn du den Steinbock siehst, sieht er dich auch. Also immer unsichtbar bleiben. Peter hat den ersten Schuss. Mit einem der Jäger pirscht er sich in voller Deckung an. Als er schießen will, passt die Auflage noch nicht, es ist sehr weit, die Unterlage verrutscht, der Bock bekommt nun doch etwas mit – und weg ist er. Für heute heißt's Jagd vorbei.

Mittwoch 7. Juni

Nach guter Nachtruhe im warmen Decken-Berg fahren wir wieder bei Dunkelheit im Schneetreiben los. Plötzlich steht neben dem Weg auf etwa 80 m ein Wolf. Alles zischt aufgeregt durcheinander: „Shoot, shoot, shoot!" Ich reiße den Mündungsschoner herunter, er verklemmt sich, raus aus der Kiste und laden. Inzwischen ist der Wolf davon, aber auf 120 m verhofft er breitstehend. Ich streiche kniend an der offenen Türe an, es pressiert jetzt. Ich komme gut ab, es staubt hinter dem Wolf. Weg ist er. Wirklich vorbei? Ich will es nicht glauben, dass er gefehlt ist. Ich hätte zu gerne den Anschuss kontrolliert, aber man fährt weiter. Im Nachhinein sage ich mir, dass es vielleicht ganz gut wäre, gefehlt zu haben. Ich habe mich zum Schuss ohne Überlegung hinreißen lassen. Es hätte ja auch eine säugende Wölfin sein können. Das hätte ich mir nie verziehen. Ich mache einen Kontrollschuss, er sitzt bestens. Heute soll ich als Schütze dran sein, wir wollen vorerst gemeinsam jagen, aber jeden Tag wechseln. Wir fahren in eine ganz andere Gegend als gestern. Weite Steppenebenen mit Bergmassiven, die wie große Inseln einsam aus der Halbwüste aufragen. Von unten aus sehen wir Böcke, alle zu jung, aber wir steigen auf und sind nach 500 Höhenmetern am Gipfelgrat. Der Ausblick ist atemberaubend. Berge reihen sich an Berge, immer vom wogenden Grasmeer der Steppe umgeben. Drunten grasen Kamele und einige Schwarzwedel-Antilopen. Die Berg-Kräuter duften herrlich, Blumen, Blumen und Edelweiß, ganze Hänge davon. Kein weiterer Anblick, also Abstieg und weiter zu einem anderen Bergmassiv. Die Jäger mit ihren Falkenaugen erspähen in weiter Ferne, es müssen einige Kilometer sein, auf einem Felsplateau einen ruhenden, starken Bock. Dieses ist nur über einen kirchendachsteilen Schotter-Graben zu erreichen – eigentlich unmöglich. Doch wir fahren dorthin. Aussteigen. Auf geht's! Wir schauen uns an – das wird doch nicht ihr Ernst sein. Die Rinne ist steiler, als es von Weitem den Anschein hatte, voller Steinplatten und Geröll, vielleicht 150 m geht's aufwärts. Doch es geht besser als befürchtet. Droben kurze Verschnaufpause. Dann gehen wir das Wild an.

Unglaublich, wie die beiden Jäger sich zurechtfinden. Sie kennen in diesem wahren Riesengebiet jeden Graben, in dem man sich anpirschen kann. Es grenzt an tierhafte Ortskenntnis. Immer wieder schleicht Gombodordsh voraus, um über den nächsten Grat zu lugen. Dann winkt er mich heran. 80 m hinter dem nächsten Riegel liegen sieben Böcke schlafend niedergetan. Der Jäger zeigt mir anhand von ausgelegten Steinen, welcher alt und stark ist. Und, Achtung!, ganz links liegt ein junger Adjutant, der nicht ruht, sondern die alten Paschas bewacht. Der nächste und übernächste ist jagdbar. Ich robbe zu einer Felsspalte und bringe in Zeitlupe meine Büchse in Position. Da kollert ein kleines Steinchen herab und wie der Blitz sind alle auf den Läufen. In der gleichen Sekunde fasst meine Kugel einen der alten, weißmähnigen Böcke. Nach kurzer Flucht überschlägt er sich und ist verendet.

Darmaa und die beiden Jäger versuchen mit dem Peter das kleine Rudel wiederzufinden. Ich bleibe mit Enkhbat bei meiner wunderschönen Beute.

Wir rasten ausgiebig, freuen uns an dem herrlichen Wild, fotografieren – und schon kreisen die ersten Geier über uns. Der Fahrer schärft das Haupt ab und säbelt sich noch einen Schlegel heraus. Dann macht er einen Schnitt in den Bauch, dass der geblähte Pansen herausquillt. Ich wundere mich und frage, was das sein soll, weil er ja sonst nichts vom Bock mitnehmen will, da sticht er in den Pansen, der mir explosionsartig den ganzen grünen Spinat ins Gesicht spritzt. So, jetzt weiß ich, wie ein Waidwundschuss beim Steinbock riechen würde.

„Dies", sagt er, „ist für die Geier und Adler, damit sie besser an das Innere kommen können. Und das Wildbret gehört unseren Mitgeschöpfen." Das ist buddhistische Einstellung. Ich beschimpfe ihn mit russischen Flüchen, er lacht nur über mein grün gesprenkeltes Gesicht, und dann lachen wir beide. Er hängt sich den abgeschärften Schlegel um, ich buckle das Haupt und wir steigen zu Tal in Richtung Geländewagen. Jetzt bin ich froh über meine Teleskop-Stöcke, der Abstieg über die Schotterrinne ist eine Rutschpartie. Wer je in den Alpen eine so steile Rinne gequert hat, weiß, wie man auf Steinen gefährlich schnell abfährt. Drunten beim Auto gemütliche Rast mit Tee und meinem Tiroler Speck. Wir graben wilde Zwiebeln aus, die zum Speck eine Bereicherung sind. Unsere Unterhaltung beschränkt sich auf meine wenigen Russisch-Brocken und ich lerne ein wenig Mongolisch. Wir schlafen im Sonnenschein, der Gute schnarcht, dass die Felsen erbeben.

Gegen 15 Uhr tauchen unsere Freunde aus einer Klamm auf, beladen mit einer guten Steinbocktrophäe. Der Peter hatte einen der Böcke beschossen, war gut abgekommen, aber alle waren sich sicher, er hätte ihn unterschossen, da es unter ihm gestaubt habe. Als der Freund sich weigerte, in eine allzu steile Rinne abzusteigen, nahmen sie einen anderen Weg.

Auf einmal große Aufregung: Vor ihnen lag der längst verendete Bock. Mir kommen wieder Zweifel, ob der versäumten Anschusskontrolle bei meinem Wolf. Ich sehe schon die hochgezogenen Augenbrauen der „Experten". Andere Länder, andere Sitten.

Jetzt wieder Fotografieren und gemütliches Brotzeiten. Glücklich geht's heim zur Jurte.

Donnerstag 8. Juni

Heute gönnen wir uns einen Ruhetag. Wir schlafen aus, lesen, trinken Tee und schauen zu, wie die Trophäen ausgekocht werden. Das ist immer eine weihevolle Handlung. Morgen wollen wir wieder nach den Steinböcken schauen.

Freitag 9. Juni

Die Kältewelle ist vorbei. Kein morgendlicher Schneeschauer mehr. Auch der Wind ist nicht mehr so eisig. Der Weg geht wie jeden Morgen erst durch die Steppe zu einem der entfernten Bergmassive. Bei der Fahrt dringt der wunderbar würzige Geruch der mongolischen Kräuter herein. Für mich der Duft der Mongolei. Ich werde welche davon in einer Dose mit heim nehmen, damit ich immer, wenn mich das Fernweh packt, daran schnuppern kann.

Dann folgt wieder erneuter Anstieg bis weit über 3.000 m. Das Steigen geht jeden Tag besser. Wir sind nun schon die Höhe gewohnt. In der Ferne entdecken unsere „Adler" einen starken Bock. Darmaa geht ihn mit dem Peter an. Wir anderen bleiben auf einem Hochgrat und beobachten die umliegenden Berghänge. Ich verbringe einen geruhsamen Tag ohne Jagddruck. Kommt was, ist's recht, kommt nichts, ist's auch recht! Es tut gut, einmal nichts reden müssen, nur mit seinen Gedanken allein zu sein. Es wird heiß, ich verziehe mich in den Schatten. Am Nachmittag, etwa 3–4 km in der Ferne sehen wir die beiden anderen Jäger. An ihren vorsichtigen Bewegungen sehe ich im Spektiv, dass sie ein Wild anpirschen. Da kniet der Peter nieder, zielt, ich sehe einen halbmeterlangen Feuerstrahl aus seiner Büchse fahren, er springt auf, beide rennen zu einem Graben hin und umarmen sich. Dann erst höre ich den Schuss, wie ein entferntes Rauschen. Es ist sicher sehr viel weiter als gedacht. In dieser kristallklaren Luft ist es schwer, Entfernungen zu schätzen. Auch, weil Vergleichsmöglichkeiten fehlen.

Auch hier wächst weder Baum noch Strauch als Anhaltspunkt. Offensichtlich liegt das Wild. Bei einem Fehlschuss umarmt man sich ja nicht. Zur Feier des Ereignisses krame ich Tiroler Speck und die Wasserflasche aus dem Rucksack hervor. Ich bin gespannt, was er da erlegt hat.

Um 17 Uhr packen wir zusammen und pirschen langsam in Richtung Treffpunkt Auto. Dort erwarten uns schon die erfolg-

reichen Jäger. Der Bock kann sich mit seinen weit geschwungenen, 1,26 m langen Hörnern wirklich sehen lassen. Den hat sich
der Peter wahrlich verdient. Nach einer siebenstündigen Pirsch
mit seinen lädierten Hüften. Heute gönnen wir uns den
mitgebrachten Sonder-Schluck und eine Virginia.

Samstag 10. Juni

Freund Peter bleibt heute im Camp. Wieder ist es bereift und
sternenklar, die Milchstraße strahlt zum Greifen nahe. In dieser
reinen Luft funkeln die Sterne wie nirgends in Europa. Seit Tagen
hört und sieht man kein Flugzeug am wolkenlosen Himmel.
Können Sie sich das vorstellen? Ich denke mich zurück in Zeiten,
da Reisende wie Sven Hedin das Wagnis einer Expedition in die
unbekannte Mongolei auf sich nahmen.

Auch heute geht's zu einem ganz neuen Gebiet. Wir steigen weit
hinauf, der Berg ist wohl der höchste der Region, knapp 4.000 m
hoch. Mankei pfeifen uns an. Der Kuckuck ruft und der
Wiedehopf lässt sich hören. Überall saftige Äsung. Etwa 300 m
unter dem Gipfel begrenzt ein basteiförmiger Steinwall einen
kraterartigen Kessel im Durchmesser von zirka 800 m. Ganz
vorsichtig wagt Darmaa einen Blick durch eine Scharte im Fels.
Er winkt mich heran. Welch ein Bild! Auf 500 m ruhen, dicht
beisammen, mehr als 75 Steinböcke. In der Mitte liegen die alten,
prächtigen Paschas, noch teilweise in der elfenbeinfarbenen
Winterdecke. Manche auf der Seite schlafend wie die Hunde.
Andere haben sich mit aufgestütztem Kinn niedergetan, das
schwere, riesige Gehörn drückt sie zu Boden. Unter ihnen sind
wahrhaft Kapitale. Ihr prachtvoller Anblick treibt meinen schon
vom Anstieg rasenden Puls noch höher. Drum herum, aufmerksam
wachend, die jungen Böcke, ihre Adjutanten.

Darmaa meint: „Solange sie schlafen, haben wir keine Chance
heranzukommen. Die Wächter sind jetzt viel zu aufmerksam. Wir
müssen warten, bis sie hoch werden und zu äsen anfangen, dann

sind sie nicht mehr gar so wachsam. Und dann müssen wir sie von oben her angehen. Das Steinwild sichert stets nach unten, weil seine Feinde auch nur von unten her kommen können." Also setzen auch wir uns nieder. Die Rast tut gut, denn die Höhe ist beträchtlich. Als der Wind konstant bergauf zieht, machen wir eine weite Umgehung, um vom Gipfel aus in Schussentfernung zu kommen. Ziemlich geschafft lange ich oben an, habe kaum einen Blick für die atemberaubende Aussicht, denn die Höhe ist atemberaubend genug. Allein, wie in Zeitlupe krieche ich durch ein Felsentor, denn die Chance, auf einen der wirklich Kapitalen zu Schuss zu kommen, ist so groß wie nie. Vertraut äst das große Rudel. In aller Ruhe suche ich mir einen der Besten heraus, baue mir vorsichtig eine gute Auflage, denn es ist weit, selbst für die 300er Winchester. Auf einmal kriecht der unglückselige Enkhbat hinter mir heran, eine kleine Steinplatte macht: „Klack-klack" und ohne eine Schrecksekunde zu verhoffen, prasselt die ganze Gesellschaft auf und davon. Aus der Traum!

Ich bin viel zu erschöpft, um den Unglücksraben zusammen-zustauchen. Die zurück Gebliebenen besorgen das, wie ich höre, recht gründlich. Darmaa ist sich sicher, wir finden das Rudel wieder, wir müssen ihm folgen. Und nun beginnt eine Gewalt-Pirsch, die ich nie vergessen werde. Wir durchsteigen das ganze Bergmassiv. Hinauf, hinunter, hinauf, hinunter. Doch die Herren Böcke sind wie vom Boden verschluckt. Sicher sind sie in die nächste Berggruppe hinübergeflüchtet. Also wieder 1000 Höhenmeter hinunter bis zur Talsohle in der Steppe. Beim Abstieg finden wir auf einem Platz 8 Fallwild-Schädel mit gewaltigen Hörnern. Die Wölfe hatten mit den alten, schweren Paschas im hohen Schnee leichtes Spiel, da diese durch ihr höheres Gewicht auf der Flucht tiefer einsinken als die noch leichteren Jungböcke. Weiter unten finde ich eine kapitale Argali-Schnecke. Gombodordsh nimmt sie mit. Die kann er gut verkaufen.

Unser Fahrer Enkhbat hatte uns bereits oben am Berggipfel verlassen, um den Wagen zum vereinbarten Treffpunkt zu bringen. Er muss um das ganze Massiv herumfahren. Nach einer Stunde erscheint er. Noch will Darmaa nicht aufgeben. Wir waren so nahe am Erfolg. Also Aufbruch zu einem neuen Gebirgszug.

Die unglaublich scharfen Augen unserer Jäger entdecken weit oben auf einem begrünten Hang tatsächlich wieder Wild. Es sind zwanzig Steinböcke, darunter ein ganz Starker. Jetzt gilt's. Auch diese sind noch niedergetan, also haben wir Hoffnung, sie noch anzutreffen, wenn wir hinter dem benachbarten Bergrücken aufsteigen und sie von oben her angehen. Nach gut zwei Stunden sind wir oben. Dann geht's hinüber, immer in guter Deckung. Die erfahrenen Jäger wissen, wenn die Böcke wieder zur Äsung ziehen, dass sie sich dann bergauf bewegen werden. Ich baue mich gut ein, hinter einem Felsbrocken mit guter Auflage. Jetzt heißt's warten. Nach einer Dreiviertelstunde wird's feierlich: Sie ziehen bergauf. Voraus wieder ein Kundschafter, dann die Alten, einer besser als der andere. Welchen nehmen? Doch dann, als ich denke, sie wären schon alle heran, folgt gemächlich, als letzter, mit gesenktem Haupt der Groß-Khan der Böcke.

Es ist wieder teuflisch weit, und als er kurz verhofft, donnert der Schuss hinaus. In wilder Flucht prescht alles spitz von mir fort und ist gleich um die nächste Felsnase weggetaucht. Ich bin zutiefst deprimiert. So viel Pech kann doch einer an einem Tag gar nicht haben. Jetzt will ich aber den Anschuss sehen. Kein Schweiß, kein Schnitthaar, kein Kugelriss – ein Albtraum.

Wir folgen der Fluchtrichtung, biegen um die Felsnase – und da liegt er, wie schlafend, auf die riesigen Hörner gestützt. Wir fallen uns glücklich um den Hals. Eine Trophäe, die man einfach nur als wunderschön bezeichnen kann. Welche Bezeichnung sicher manchen bemoosten Knasterbart entsetzen würde. Nach außen gedreht zu einer Dreiviertelrundung in einer Länge von 1,27 m.

Lange können wir nicht droben bleiben, die Dämmerung mahnt zur Heimkehr.

Wieder in der Jurte, bin ich nach dieser fast ununterbrochenen, achtzehnstündigen Pirsch so fertig und ausgetrocknet, dass ich nichts essen, nur noch zwei Dosen Bier in mich hineinschütten kann. Dann sinke ich wie betäubt in mein Hängematten-Bett.

Sonntag 11. Juni

Dieser Tag gehört ganz der entspannten Erlegerfreude. Wir genießen das herrliche Wetter. Ich gehe ohne Waffe in den Berg, nur zum Beobachten und Fotografieren. Ich sehe Königshühner und einen Fuchs, wie er ein Mankei anschleicht. Als es ihn entdeckt und auspfeift, schnürt er ganz, wie jener Fuchs in der Fabel mit den sauren Trauben, am Murmeltier vorbei. Es fährt nicht einmal zu Bau. Es fehlt nur noch, dass der Fuchs sich ein Liedchen pfeift.

Montag 12. Juni

9 Uhr Heimreise. Die 280 km schaffen wir problemlos in achteinhalb Stunden. Wir übernachten im Haus der Jagdgesellschaft der Provinz. Unsere Köchin bereitet liebevoll ein Nationalgericht zu: Buuz. Das sind Ravioli-ähnliche Teigtaschen, mit Hammelfleisch gefüllt.

Es schafbockelt aber so gemein, wir bringen keinen Bissen runter. Doch was würde die Köchin denken, wenn wir ihr Gericht nicht essen? Diese Kränkung können wir ihr doch nicht antun. Da schleicht zum Glück vor unserem Fenster ein wolfsähnlicher Hund vorbei. Also Fenster auf und schnell hinaus mit dem Segen! Das war für ihn wie Weihnachten und Ostern. Jetzt haben wir Angst, dass es einen Nachschlag gibt, weil wir so schön leergegessene Teller haben.

Dienstag 13. Juni

Heute sollte der Flug nach Ulan Bator um 8 Uhr gehen. Er wurde gecancelt. In Ulan Bator herrscht zu starker Sturm, sodass unsere Antonov nicht landen kann.

Mittwoch 14. Juni

Immer noch kein Flug. Nun, wir wollten ja Land und Leute kennen lernen, dazu haben wir jetzt reichlich Gelegenheit. Es wird jetzt für uns langsam brenzlig, denn wir könnten unsere Anschlussflüge verpassen. Wir erklären Darmaa, dass wir dadurch erhebliche Probleme mit allen weiteren Terminen bekommen werden.

Donnerstag 15. Juni

In aller Frühe kommt der verlässliche Guide, weckt uns mit der Nachricht, dass der Flug extra unsertwegen eine Stunde früher gehen wird, damit wir den Flieger von Ulan Bator nach Peking noch bekommen können. Wo gibt es so was noch? Schon um 7 Uhr sind wir in der Luft. Bei der Landung in Ulan Bator erwartet uns auf dem Rollfeld bereits ein Auto der unglaublich zuverlässigen Jagdgesellschaft. Es bringt uns direkt zum Check-In. Wir verabschieden uns von unserem vortrefflichen Darmaa. Jetzt, allen Termindrucks ledig, verlassen wir die Mongolei und unsere Jagdfreunde. Dankbar nehmen wir die schönsten Erinnerungen an das karge und doch so wunderbare Land und seine aufrechten Menschen mit uns.

Wann wird der Virus mongolicus, neu erwacht, mich wieder in die Ferne locken?

Jagd ist nie zu Ende

Als junger Jäger war ich lange Zeit auf Einladungen angewiesen. Doch daran gab's keinen Mangel. Gute Hunde waren und sind immer rar. Dazu gehört auch der entsprechende Führer. Gute, verlässliche Schützen wurden weiter empfohlen. Wenn man noch dazu Jagdhornbläser war, damals noch sehr selten, so hatte man im Herbst ausgesorgt. Viele der Einladungen wurden oftmals in erster, großer Begeisterung ausgesprochen. Doch dann war der Rest Schweigen im Walde. Ich brauchte einige Zeit, bis ich mich daran gewöhnt hatte, dass die vielen Versprechungen nur Wind im Gezweig waren und ich die Enttäuschung hinunterschlucken musste. Dennoch, ich konnte mich nicht beklagen, der herbstliche Terminkalender war trotzdem bestens ausgefüllt.

Jahre später war ich selber Jagdherr, erst in einem großen Niederwildrevier, dann Mitpächter in einem der schönsten und größten Hochgebirgsreviere des Allgäus. Da entsann ich mich sehr wohl, wie es jungen Jägern ohne Anschluss zumute ist. Ich habe es immer als Verpflichtung angesehen, das einst Empfangene weiterzugeben.

Ich glaube, dass es heutzutage die Jungjäger schwerer haben, ins praktische Reviergeschehen einbezogen zu werden. Wer braucht schon einen fermen Vorstehhund bei dem Mangel an Niederwild? Jagdhornbläser? Dazu muss es auch die entsprechenden Gesellschaftsjagden geben. Und die Jagdherren, soweit es noch Einzelpersonen sind, haben mit ihrem aufreibenden Beruf meist viel zu wenig Zeit, um sich intensiv um einen Jungjäger zu kümmern und ihr Wissen weiterzugeben.

Doch damals war die Auswahl nicht immer leicht und nicht immer von Erfolg gekrönt. In meinem rehreichen Niederwildrevier östlich von München durfte von Anfang an ein junger Bauer, natürlich kostenlos, mitgehen. Den brauchte man ohnehin mit seiner Ortskenntnis, seinem Traktor und seinem Wohnsitz mitten im Revier. Doch dazu hätte ich gerne noch einen jungen Jungjäger „mithupfen" lassen. Ich ließ also ein Inserat in der Jagdzeitung schalten:

Jungem Jäger wird kostenloses Begehungs- und Jagdrecht in großem Niederwildrevier geboten. Mithilfe erwünscht.

Dazu kam dann die Ortsangabe. Meine Frau und ich malten uns schon aus, wie wir die Fülle der Bewerbungen gerecht beurteilen sollten. Wir hatten eine Riesengaudi, als wir uns zum Spaß einen Jäger-Parcours ausdachten. Doch, o Enttäuschung, niemand meldete sich. Auch als der Bezirksvorsitzende des Jagdschutzverbandes mein Angebot bei der Hubertusfeier und Trophäenschau verkündete – es verhallte ohne Echo. Der Zufall brachte mir dann doch noch einen frischen Jungjäger, der sich sehr passioniert gab. Da er Begeisterung für die Hundearbeit zeigte, besorgte ich ihm einen Deutsch-Kurzhaar-Welpen aus bester Zuchtlinie. Doch als es dann zum Schwure – sprich Arbeit kam, au Weh, da war unser fescher Jäger nicht mehr zu sehen. Er besuchte uns dann einmal beim Hochstandbauen. Schneidig, mit schönem Hund am Riemen, die Büchse übers Kreuz geschlagen, wünschte er uns im Vorbeischnüren Waidmannsheil und frohes Schaffen. Da habe ich ihm dann schnell Lebewohl gesagt.

Doch er blieb der einzige Fehlgriff. Viele junge Jägerinnen und Jäger durften in dem gut besetzten Revier ihren ersten Rehbock und ihr erstes Flugwild erlegen. Einer, er war ein pensionierter Polizist, lebte weiterhin in einer gefährlichen Welt. Er setzte sich in die Gastwirtschaften, deren es drei im Revier gab. Vor sich hielt er eine Zeitung, in die er ein Loch gebohrt hatte. Da linste er hindurch, beobachtete und belauschte die anderen Gäste.

Das blieb natürlich nicht lange verborgen. So dumm waren die Bauern auch wieder nicht. Sie trieben mit ihm nun so manchen Schabernack, indem sie die tollsten Wilderergeschichten zum Besten gaben. Aufgeregt kam er dann zu mir, der ich ja schon von den listig schmunzelnden Bauern wusste, was hier gespielt wurde. Das halbe Dorf müsse ich verhaften lassen! Unglaubliche Dinge würden sich hinter meinem Rücken abspielen! Er räumte dann aber von selber enttäuscht die Stätte seines vergeblichen Wirkens.

Dass ich seinerzeit zwei meiner Freunde, die als Begleiter, Treiber und Träger ins jagdliche Geschehen einbezogen wurden, mit dem Jagdvirus angesteckt habe, war eigentlich normal und zu erwarten. Doch die Krönung meiner „infektiösen" Ausstrahlung waren einst zwei meiner Nachhilfelehrer. Da ich in Mathe ein sehr schwacher Schüler war, hatten meine Eltern für viel Geld nacheinander zwei Herren engagiert. Sie sollten dem faulen Sprössling auf die Sprünge helfen. Irgendwie muss sich dieses für mich wichtige Ziel ins Gegenteil gekehrt haben. Der Endeffekt der Übung war, dass jeder der Herren, von ihrem Schüler „infiziert," die Jägerprüfung machte und ich am Schuljahresende durchfiel.

Heute habe ich das Glück, zwei gestandenen, wissbegierigen Jungjägern in manchen Fragen der Mentor mit Praxis sein zu dürfen.

Die Natur ist ein Buch, das noch niemand zu Ende gelesen hat.

Immer wieder holt mich das „scio nescire – ich weiß, dass ich nichts weiß" – ein. Ich bin dankbar für diese nie endende Herausforderung durch die Jagd.